KEYS TO GOOD COOKING

廚藝之鑰〔上〕

A GUIDE TO MAKING THE BEST OF FOODS AND RECIPES

Contents
目錄

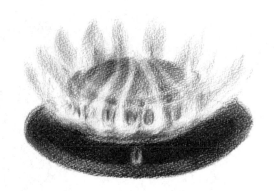

FRUITS
第7章 水果／**111**

水果天生好吃又好看，其生存任務就是要來吸引動物的。

VEGETABLES AND FRESH HERBS
第8章 蔬菜與新鮮香草／**135**

植物的生存任務就是讓自己不討喜，而廚師的責任就是以烹調來改變、卸除或遮掩植物的武裝。

MILK AND DAIRY PRODUCTS
第9章 乳與乳製品／**175**

乳是最原始的食物，它以極簡的形式，集合了糖類、蛋白質和脂肪這三種基本的食物原料。

FISH AND SHELLFISH
第12章 魚貝蝦蟹／249

冰冷的生存環境，讓水中生物的肉質大相逕庭，保存與烹調的溫度也需要更仔細拿捏。

Introduction

前　言

烹調要愉快且成功，就得理解自己
在烹調什麼。

烹飪可謂人生中最令人滿足的活動之一。經由這項技藝，我們得以親手料理食物，滋養自己所關愛的人，並讓他們感到愉快。藉由烹飪，我們還能親手挑選自己所吃下的東西，並且讓這些食物成為我們身體的一部分。數千年來，自然界與人類文化蘊含的創造力令人驚歎，這一點我們也可以藉由烹飪來體驗，在自己的餐桌上品味世界各地的食物和文化。烹飪的回報是如此無窮無盡，使我一頭栽入，在此間優遊了三十多年。

烹調若做得好，得到的回報特別多！事實就是如此，就如我們常說的：要成為好廚師，只有一直煮、不斷煮，天天煮。不過許多人沒辦法經常下廚，就算常煮，也只能用死背的方式，依循著習慣以平庸的廚藝來下廚。然而，不管是對初學者、週末才下廚的美食家，或是熟習廚藝的廚師，烹調要愉快且成功，就得理解自己在烹調什麼。

本書的目的，就在於解釋食物是什麼、烹調是如何改變食物的，以及最佳的烹飪方式與原因，讓你的廚藝能日益精進。

《廚藝之鑰》並不是食譜。食譜到處都有，書店和網路上滿滿都是。這些食譜有的來自世界各地，有的橫跨了數個世紀；有的由專家撰寫，有的是名人、家人或朋友提供。本書是本導航手冊，領你優遊自得地航行在這片迅速擴張的食譜之海，安全抵達美味佳餚的彼岸。

這趟烹調之旅很容易迷失。按著食譜照本宣科，有時候結果還不錯，但很多時候則差強人意。有些食譜內容之簡要，留下我們自行猜想實際步驟該如何進行；有些食譜則冗長得令人生畏，滿滿的都是細節。同一道菜餚的不同食譜，可能就有完全相反的指示和解釋。有些食譜完全遵照傳統，而忽略了這些食材在現今是否能夠取得。有些食譜甚至充斥著陳舊的錯誤觀念和不良的烹飪示範。

即使遵照的是好食譜，也不保證你會成功，因為食譜充其量只是作者成功烹調程序的不完整描述。我們在照著食譜烹調時，還必須把語彙及方法轉換到自己的廚房、食材跟經驗。這個詮釋和調整的過程跟食譜一樣重要，兩者兼備才能成功烹調出一道美味佳餚。否則，即便有好的食譜也可能會被搞砸。

令人欣慰的是，在我們調整食譜時，只要找出缺陷，就可以把有缺陷的食譜加以修正。

《廚藝之鑰》是為了配合你手上的其他食譜而寫，並給予建設性的評論，內容包括廚房、器具、食材與烹調技術上的運用，讓你把食譜的指示化為真實的菜餚，同時簡明地總括我們對食物處理所具備的現有知識。書中會簡單描述事實並給予建議，同時也會提供簡短的解釋，這有助於你了解為什麼要這麼做，並將這些理解應用在烹飪上。本書也有助於你評估食譜優劣，找出其中可能的缺陷或問題，讓你在烹飪當下可據以調正和修正。最後，我還希望本書能幫助你丟開食譜，開始自己的創作與實驗，進而發展出自己的烹調方式。

本書前六章描述一般家庭廚房中常用的烹飪器具、食物櫃的食材、加熱及各種基本烹調方式，以及廚房安全的注意事項。這些主題或許不是你最需要知道的事，而且你或許早已知道自己需要什麼。

不過，廚房的器具和食物櫃中的食材，通常都是都是一點一滴逐步累積而成，而且通常只有在緊要關頭才會注意到烤箱是怎麼運作（或是怎麼失靈的）。你可能只需稍微花點心力去注意這些細節，就能大開眼界。一旦你開始思考烹調時熱是怎樣進出食物，就會了解到為何照著標準的燉肉食譜，卻仍把肉煮得又乾又老；為何烘焙食物在中溫烤箱中仍會燒焦；另外，你還會知道該如何改進，才不會再犯同樣的錯誤。還有，你知道嗎？有時候食物完全煮熟不但無法消滅一些頑強的病菌，還會刺激一些病菌快速生長！所以要小心剩菜！廚房中最重要的事情，往往都是難以覺察的。

所以我建議讀者，不論你對於食物、廚房用具和烹調方法有多麼熟悉，都要不時重溫前面這幾章。同時也要花點時間把第 6 章〈烹調安全〉全部讀完。在美國，每天都有數萬人因食物而生病，而許多都是不該犯下的錯誤。廚師有義務去弄清楚食物的安全措施。

其他章節則依照食材與食材的處理方法來安排，每章開頭幾段會告訴你如何挑選好的食材並加以處理。當你準備烹調某道菜餚時，可以直接閱讀處理該食材的一兩個段落。到了要烹調之前，複習各種事實和可

能的變化，這有助於你挑選食譜或調整食譜內容，並且迅速重整情況。如果在烹飪當下發現疑問或遇到困難，或是有哪個步驟不清楚，可以再回頭查找書中的資料。

為了讓本書的篇幅控制在合理範圍，因此只納入烹飪的基礎要點，進階的料理技術或細節難免就得放棄。由於廚師在煮菜時得迅速回到廚房繼續處理，我盡可能把資訊整理得容易查閱，並以簡明扼要的方式來敘述，必要時則加以重複，以省去父义翻閱的麻煩。另外，關鍵要訣也會用不同的字體和顏色標明，讓你一眼就可以找出。

重要的主題和事實需牢記在心，會用粗體字。

指示和重要作法，會用藍字或紅字。

以下我就舉個例子，讓你了解可以如何運用這本書。例如感恩節快到了，而你從去年感恩節之後就再沒有烤過火雞。此時你看到有食譜說，火雞先以鹵水醃製可以保持肉質濕潤。這時候你就可以從本書第222頁介紹肉類烹調的地方開始：

不論你在食譜中讀到什麼，或從旁人口中聽到什麼，切記以下這幾件簡單的事實即可：

・大火油煎（searing）並不會把肉汁封住，加水烹煮也並不會讓肉質多汁。肉多汁與否，完全視其中心溫度煮到多高而定。如果中心溫度超過65℃，肉就會變得乾老。

・肉類很容易就煮過頭。低溫能夠減緩烹煮的過程，讓你更容易控制熟度。

・食譜大多不能正確預測烹煮的時間，只能靠自己不時檢查熟度，而且檢查要趁早。

依照這些原則來烹煮，你都能挑選到最好的食譜，並煮出最可口的肉類菜餚。

然後你可以參看贊成和反對鹵水醃製的裡由，在第 229 頁：

鹵水醃製是把肉放到含有少量鹽（也可以加入其他調味料）的鹽水中，浸漬數小時到數日之後再烹煮。把鹵水注入肉的內部可以加快這個過程。鹽會滲透肉，給肉鹹味並且讓肉更容易保持濕潤與柔軟。

用很鹹的鹵水（5~10%）醃肉，可讓肉的蛋白質吸收鹵水中的水分，使得肉在烹煮時特別多汁。精瘦的禽鳥和豬肉可以用這種方法增添水分，尤其在煮過頭的時候特別有用。

鹵水要看情況使用，它有幾項缺點：鹵水中的水會稀釋風味豐富的肉汁，而且會讓鍋中的肉汁太鹹，無法形成風味適中的焦香物質來製成醬料。

然後你可以參考烤禽鳥的基本知識，這是從第 239 頁開始：

要烘烤整隻禽鳥並不容易。胸肉含有的結締組織很少，雞胸和火雞胸最好維持在 65℃，鴨胸與乳鴿胸適合 58℃，不過腿肉含有大量的結締組織，最好在 70℃，皮最適合的溫度則是 175℃，如此可以烤得焦黃香脆。

若要烤出多汁的胸肉、柔軟的腿肉：

・不要把體腔塞滿餡料，也不要依靠彈出式溫度計。填料得加熱到 70℃才能殺死其中細菌，然而此時胸肉已經煮過熟而變得乾澀。至於溫度計彈起來時，胸肉也是已經過熟了。

現在，你可以自行決定想要的是一隻肉質濕潤的鹵水醃製烤火雞，還是可以做出肉汁醬的焦香烤火雞；你想要的是多汁的胸肉，還是享用塞在雞裡面的填料。然後你在準備感恩節的購物清單中，還可以添購一支溫度計（請參考第 41 頁的溫度計建議）。

你還會發現，本書的頁面有許多空白處，這是因為頁面上的印刷字只是烹飪的開頭，而非結束。你可以把新的資料和想法寫在周圍或是行

間的空白處，特別注記關於你的廚房、口味以及新發現——這些就是屬
於你自己的「廚藝之鑰」。

　　我希望這本書很快就會充滿你的污漬與注記，並且讓你在烹調時充
滿理解、快樂與成功。

Good cooking starts with a good under-standing

CHAPTER 1
GETTING TO KNOW FOODS

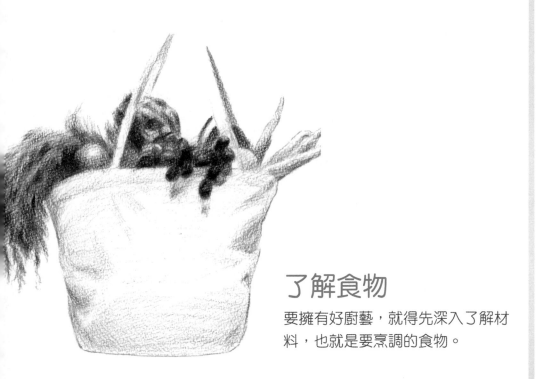

了解食物

要擁有好廚藝,就得先深入了解材料,也就是要烹調的食物。

對於經常購買並吃進肚子的食物，我們通常都很熟悉。我們烹調的次數越多，就越了解這些食物本身，以及它們會展現的特性。然而，食物的價值與特性，取決於食物的來歷和本質，就算我們每天接觸這些食物，也不容易看清這兩點。我們對食物了解得越透徹，就越能做出正確的挑選與處理。

　　我是在學生時代首次接觸到食物豐富的內在世界。那是在數十多年前，當時我走到圖書館某個陌生的角落，看到一排又一排關於食品科學及農業的書籍。我隨手翻看，剛開始覺得頗為震驚，又認為很有意思。書中有顯微照片，拍的是肉類的纖維以及纖維在烹調後會如何收縮，還有優格及乳酪中的微生物、美乃滋裡彼此推擠的油滴，以及麵團上薄如蟬翼的麩質。

　　不久之後，我就深陷其中無法自拔。在此之前幾年，我就已停止繼續往科學的領域深究，但現在我發現自己一心嚮往食物背後的奧祕，想了解構成食物的蛋白質、澱粉和脂肪等分子的本質與特性展現。能夠知道為何肉類在適當烹調下能保持多汁而煮過頭卻會變柴、了解牛奶濃縮成優格和乳酪後質地及風味為何變得如此豐富，以及何以發酵完全的麵包摸起來像是有生命般，真是讓人興奮不已。

　　我們熟悉食物，但不熟悉科學的語言及概念，而我也知道這種陌生的感覺會讓人卻步。先試著忍耐看過去，細節則大致掃過即可。一開始只需知道那些是細節，而細節有助你了解烹調，且烹調得更好。等到你遇到問題，你也真的想了解某些特定知識時，就可以把本書中簡要的解釋當成鑰匙，打開等著你一探究竟的世界。

WHAT FOODS ARE
食物是什麼？

食物是複雜、動態的脆弱材料。

大部分的食物來自於活的植物與動物，那是自然界中最複雜與活躍的生物。新鮮蔬果、雞蛋、優格以及水箱中的蝦蟹貝類等，在你購買的時候都還是活的。

而活的東西是很脆弱的，在正常情況下能夠繁衍，但在錯誤的狀況下則會死亡而且腐敗。物理壓力（太熱或太冷）、過多或過少的新鮮空氣，以及搶先人類食用的微生物，都會使生物組織受到損壞。食物在採收、清洗、包裝、運送到市場以及販賣時，都需要控制在適當溫度下，並且小心處理。這些作為我們食物的植物與動物，是歷經了數千年的培育和篩選，品種多到數不清，且有各自的優點與缺點。

大部分的食物都是由農場、牧場或工廠所生產的，而這些地方離廚房很遠。食物得經過培育、採收、處理、包裝、運送到市場、拆封，然後才能陳列。

食物的品質能夠讓我們判斷食物的潛力發揮到多高，了解它提供了多少營養，以及由外觀、質地與風味所帶來的樂趣。

許多因素都能決定食物的品質，包括植物與動物最初的品種、這些植物與動物的生長過程，以及農場與市場處理食物的方式。

HOW FOODS ARE PRODUCED
食物是如何生產的？

　　我們現在能夠烹調的食物來源非常廣泛，有時甚至還會讓人混淆。

　　大部分的食物是由「傳統的」大規模工業化系統所生產，其目的在於降低食物的成本與價格，並延長食物的保存期限。只要勞力及其他生產成本夠低，足以彌補運輸上的開銷，這類食物的生產就不會受到地區的局限，也會運輸到世界各地。

　　大多數的供肉動物幾乎終其一生都飼養在室內，活動範圍狹小，所食用的人工飼料中，通常含有這些動物無法消化的物質（魚粉、雞羽毛）、促進生長與控制疾病所用的抗生素，有時還有促進生長的激素。

　　大部分產生水果、蔬菜、穀物和食用油的植物，都生長在有噴灑化學肥料、除草劑和殺蟲劑的環境中，有些作物已經以現代 DNA 技術進行基因改造。

　　大部分的魚貝蝦蟹類則是在水產養殖場養出來的，運用類似陸生肉類的密集生產方式。這些水生動物就生活在狹小的空間，吃人類調配好的飼料。也有些魚貝蝦蟹類是野生的。

　　大部分的調理食品都由傳統食材製成，通常含有質地穩定劑、天然或合成的濃縮香料，以及防腐劑。這類食物是以工業化方式生產的仿製食品，設計時是以壓低價格與增加保存期限為目標。

　　傳統的食物供應體系有嚴重缺失。傳統的農業、肉品業與水產養殖業會破壞環境，並散播出具抗藥性的細菌，更讓動物受到不必要的折磨。撈捕野生魚貝蝦蟹類也讓許多生物族群瀕臨絕種。

　　另類的食物生產系統則試圖補救傳統系統的缺失，目前有許多食物以下列方式進行認證或宣傳：

　　‧**有機**：不使用合成肥料或是殺蟲劑，未經基因改造，幾乎不含合成添加物，只使用最低限度的抗生素。

· **永續**：生產時不會對區域或全球環境甚至野生生物造成損害。

· **人道**：來自會顧及動物生活品質的農場。

· **公平**：以合理的價格向開發中國家的農民收購。

· **特選**：不使用基因改造作物，也不使用某些激素、抗生素、飼料、防腐劑或其他添加物。

· **在地**：減少運輸所耗費的資源。

食品生產體系所使用的詞彙並沒有受到精確與嚴格規範，相關的條款極為鬆散，而且由於某些條款能讓更高的食物價格獲得合理化，可能被用來誤導或欺騙消費者。

對於另類的食物生產系統所做出的種種宣稱，你可以懷疑，但無需憤世嫉俗。即使只是隨性地挑選食物，對於農業、食品工業以及相關從業人員都會造成影響，而對全世界的土壤、水源和空氣造成的衝擊也具有累積效應。

CHOOSING FOODS
挑選食物

好廚藝始於好食材。廚藝能夠遮掩平庸甚至不良食材的缺點，但無法讓它們變身為美味菜餚。

你放入購物車的食物都有各自的來歷。食物的基因特質，其改良種或品系，還有從農場到陳列架上所經歷的所有過程，都會影響食物的品質以及我們處理食物的方式。

考慮你自己的優先順序，並且有意識地挑選食物。如果生產方式及烹調後的滋味對你來說很重要，那麼就要先確認供應者的憑證，再據以挑選。

沒有任何生產方式能擔保食物的品質。以傳統或另類方式生產的食物，都有可能在採收與隨後的處理過程中，遭到不當處理或毀壞。

食物品質的訊息，就埋藏在食物自身之中，本書各章將教你如何閱讀這些訊息。

在購買調理食品時，要確認成分表。

食物買來後要小心照料，才能維持食物品質。回家路途中如果車內太熱，也會和其他階段的不當處理一樣，對食物造成損害。

INSIDE FOODS: WATER, PROTEINS, CARBOHYDRATES, AND FATS
食物內部：水、蛋白質、碳水化合物與脂肪

食物就跟人類身體和所有原料一樣，都是由「分子」這種不可見的無數細小結構所組成。我們吃下食物分子，這些分子再成為人類身體的分子。

分子可以組合成許多類型，稱為「化合物」。你在營養指南或是食物包裝上，常可以看到這些化合物的名稱，例如蛋白質、酵素、碳水化合物、飽和脂肪和不飽和脂肪。這些名詞成為常見的烹飪名詞，因為它們有助於廚師了解其烹調方式是如何改變食物的。

組成食物的主要化合物是水、蛋白質、碳水化合物和脂肪。在烹調的過程中，這些化合物會發生變化，進 而產生食物特有的結構和質地。

水

水是所有新鮮食物中最主要的化合物，也是大部分菜餚的主要成

分。所有生物的細胞基本上都是一個水袋，其他分子則懸浮在水袋裡發揮各自的功能。

水讓食物濕潤。食物一旦失去水分，不是變得乾癟難吃就是變得酥脆可口。

水也是重要的烹調媒介，許多食物都是以熱水烹煮，或是在其他食物提供的液體中煮熟。

水可以是酸性、鹼性或中性（不酸也不鹼），酸鹼度會影響食物分子之間的反應，對於烹調很重要。果汁與醋是酸性，嘗起來是酸的；鹼性物質如小蘇打和蛋白，則會讓食物產生滑膩的感覺。

水的沸點是烹調時重要的標記，最顯著的特徵就是冒出奔騰的氣泡。如果在海平面上，沸騰溫度就是 100℃；而隨著海拔拉高，沸點會隨之下降。沸騰的水溫能殺死微生物，並讓肉和魚的質地變結實、蔬菜變軟。

水的沸點同時也成了烹調的重要限制，因為要到120℃以上，烤或炸的食物才會很快產生濃郁的風味。

食物中的水分也會減緩烹調過程。用烤箱或烤架烹煮食物時，食物是經由乾燥的熱空氣加熱，而食物表面的水分一蒸發，食物的溫度便會下降。

▎蛋白質

蛋白質是肉類、魚類、蛋類和乳製品的主要組成單位。

蛋白質是很敏感的食物化合物，接觸到熱或是酸就很容易改變，因此要把肉類和魚類煮得好就需要技巧了。你可以把蛋白質想像成長長的線，這些線會稍微摺起來，然後在水的世界中擠在一起。

溫度上升到 40~60℃ 時，**蛋白質會凝結在一起，**同時摺疊的線狀構造會打開，然後彼此黏結，形成一團固態的線，線與線之間則包著水。所以肉類和魚類加熱之後會變得堅實，而原本液態的雞蛋則會凝固起來。

凝結的蛋白質會變得乾硬，如果以超出凝結點的溫度加熱，蛋白質

彼此會黏結得更加緊密，而把水分擠出。因此肉類和魚類很容易變老變乾，而蛋則硬得像橡皮。所以烹調這類食物之時，溫度必須掌握得十分精確。

酸性也會使得蛋白質凝結，即使在低溫下亦然。產生酸的細菌就是以這種特性讓牛奶變成優格，而酸性醃料也是讓秘魯香檸魚生沙拉（ceviche）中的魚肉變得又堅實又白的原因。

酵素是有活性的蛋白質，能夠改變周遭的化合物，進而改變食物的特性。肉類酵素能夠使肉變軟、更富風味，有些魚類酵素會讓魚肉軟爛腥臭。水果和蔬菜中的酵素則會讓食物褪色並破壞維生素。

烹調能使酵素失去活性，以免酵素進一步改變食物特性，因為酵素和其他蛋白質一樣，對熱和酸都很敏感。

明膠則是不敏感的蛋白質。明膠分子在低溫時會凝聚在一起，形成堅實的膠體，高溫時則分開，並會隨著溫度高低反覆凝結和融化。這和一般蛋白質低溫分解、高溫凝結的不可逆反應完全相反。

▌碳水化合物

碳水化合物是蔬、果、穀物等植物性食物中最主要的建構單位。

糖和澱粉是植物用來儲存能量的碳水化合物，人類能夠消化與吸收這兩種碳水化合物，當作能量來源。

纖維是植物用來建構細胞壁的碳水化合物，其中包括了果膠、膠質和纖維素。人類無法完全消化與吸收纖維。

碳水化合物不像蛋白質那樣敏感和容易變化，加熱的時候，大多只會吸收水分和溶解。所以植物類食物在烹煮之後會變軟，溫度也不需控制得那麼精確。

碳水化合物也可從植物中萃取而出，純化之後當成食材。

糖類讓食物有甜味。如果食物中含有大量糖類，質地就會比較濃稠（例如糖漿），或變成乳脂狀，甚至變成硬脆的固體（例如糖果）。

澱粉是味道平淡的碳水化合物，也是穀物粉中的主要成分，能以純化後的形式販售。澱粉的分子很長，植物會把許多澱粉分子擠壓成顆

粒，就類似玉米澱粉或其他純澱粉的粉狀顆粒。澱粉顆粒放在水中煮的時候會吸收水分，長長的分子伸展開來，能使醬汁變得濃稠，或賦予烘焙食品堅固的結構。不同來源的澱粉能展現不同特性，小麥、玉米、馬鈴薯、竹芋和木薯取得的澱粉，在烹調上各有不同用途。

果膠是平淡無味的碳水化合物，分子很長，能夠使果醬和果凍變得濃稠。

洋菜、三仙膠、關華豆膠和刺槐豆膠都是無味的碳水化合物，分子很長，能用來增稠並安定醬汁、冰淇淋和沒有明膠的烘焙食物。

▍油脂

脂肪和油是動物和植物用來儲存能量的化合物，通常都是萃取出來作為純化過的食材。脂肪不同於蛋白質與碳水化合物，是液態的，能讓食物產生美味的濕潤口感；脂肪也不同於水，沸點更高，因此在烘烤和煎炸時有助於生成特殊風味。脂肪攜帶香氣的能力也比水更好，能讓口齒留香。

脂肪和油是同一種化學物質，只是稍有不同。

脂肪在室溫下是固態，但如果提高到相近於身體的溫度，便會開始熔化。脂肪主要來自於動物，例如奶油和豬油。

油在室溫下是液態的，只有在冷卻時才會變成固態，通常從種子（例如芥菜籽、大豆、玉米、花生）或是橄欖果實中萃取。

食用的脂肪與油是不同油脂的混合物。

飽和脂肪具有堅固的分子結構，室溫下會凝固，也較不易敗壞。

不飽和脂肪的分子結構則是柔軟的，室溫下會維持在液態，且容易敗壞。

氫化脂肪是經過化學方式改造而成，讓不飽和脂肪變成飽和脂肪，這樣比較容易凝固而不易敗壞。

反式脂肪是種獨特的不飽和脂肪，卻會表現出飽和脂肪的特質。在自然界中，反式脂肪只少量存在奶油、牛肉和羊肉中，但在人造的氫化油類中則有很多。這種油類對身體不好，在加工食物中會加以去除。

ω-3 脂肪不飽和的程度很高，主要存在於海鮮、核桃和芥菜籽油中。這種油類對健康特別有益，許多食物都有用到。

　　肉類油脂因含有大量飽和脂肪，在室溫下是固態的。家禽和豬的油脂所含的不飽和脂肪較多，因此比牛、羊的油脂軟。

　　植物油和魚油在室溫下是液態，因為其中不飽和脂肪的比例很高。

　　油和液態脂肪無法與水混合，除非有其他食材的協助。即使混合了，也只是暫時分成小油滴與小水滴。脂肪和油比水輕，所以會浮在水面上。

　　乳化液是乳脂狀的油水混合物，其中油或水會以滴狀相互懸浮。加入蛋黃等食材能把小油滴和水滴包裹住，將這種混合物穩定下來，使乳化液比水或油都更黏稠。

FOOD TEXTURES
食物的質地

　　食物的質地或黏稠度決定了食物的口感。是軟是硬？在口中咀嚼、流動與吞嚥時感覺如何？食物的質地，主要是由食物的組成單位以及烹調方式所決定。

　　烹調所牽涉到的問題大多是關於質地，而不是風味。液態食物有可能稀薄也有可能濃稠，可能滑順也可能粗糙甚至結塊，可能是油狀也可能是乳脂狀。

　　至於固態食物，可以是堅硬也可以是柔軟的，可以潮濕或乾燥、有嚼勁或軟嫩、堅韌或酥脆。

　　食物要有好口感，組成單位就得以適當比例均勻混合在一起。口感若是不佳，表示組成單位的比例不當，或是沒有混合均勻。

　　奶、蛋、肉、魚等食物如果適當加熱，會產生柔軟濕潤的口感，因

為蛋白質之間會產生鬆散的連結，蛋白質和水之間也是。而如果加熱過頭，就會凝固起來甚至變得又硬又乾，因為此時蛋白質會緊密相連而把水分擠了出來。

蔬菜在適當加熱下會變得柔軟濕潤，因為細胞壁的碳水化合物和細胞中的澱粉會鬆開並吸收水分。不過如果吸收了太多水分，植物細胞的結構就會崩解而散開，蔬菜就變成糊狀。

麵包、蛋糕和酥皮，以及乾的穀物和豆類，只要所含的碳水化合物吸收的水分恰到好處，便能具備堅實的口感；倘若吸收的水分過少或過多，吃起來就會太乾或太軟。

醬料中的澱粉、油脂或蛋白質如果均勻分布，醬汁就會具備滑順的口感；倘若這些物質彼此分離，醬料就會結塊、凝結或是泛油。

禽類以及麵包外皮若要變得酥脆，就得在烹調過程中把所含的水分都逼出，使其固體結構缺乏彈性。此時如果重新吸收了水分，彈性就會稍微增加而變得堅韌。

要了解質地的變化，你可以在腦海中想像食物的組成結構在烹調時發生了什麼變化。

FOOD FLAVORS
食物的風味

飲食最大的樂趣在於風味。風味來自於食物中特定的化學物質，含量通常很少，但是我們卻能透過味覺和小小的受器察覺這些物質。

優秀的廚師會訓練自己分析食物風味的能力，了解該如何增添風味，並加以調整。

風味是由味覺和嗅覺組合而成。舌頭感知到味覺，而鼻子感知到氣

味或嗅覺。

有五種基本的味覺：

‧**鹹味**主要來自於氯化鈉。氯化鈉可以直接存在於食物中，或是以鹽的形式加入。

‧**酸味**的來源有好幾種，尤其是水果中的檸檬酸和蘋果酸、醋中的醋酸，以及優格、乳酪、煙燻香腸和泡菜中的乳酸。酸可以刺激唾液分泌，使食物和飲料具有令人垂涎的特質。

‧**甜味**主要來自於植物與乳汁中的各種糖類。糖的化學結構有好幾種，其英文都以 -ose 結尾。一般餐桌上的糖是蔗糖（sucrose），甜度高於玉米糖漿中的葡萄糖（glucose）和牛奶中的乳糖（lactose），但不及蜂蜜中的主要糖類：果糖（fructose）。

‧**鮮味**，或稱甘味，是由麩胺酸鈉（MSG）等化學物質在口腔中所引起的鮮美、圓潤味覺。肉高湯、醬油、陳年乳酪、蘑菇和番茄尤其富含鮮味的物質。

‧**苦味**來自於植物中特定的化學物質，目的在於嚇阻動物，以免自己被吃。因此，不是所有人都喜歡苦味，而且要花些工夫才能習慣。菊苣、球芽甘藍和綠芥菜都有強烈苦味，而苦味也是咖啡、茶、巧克力和啤酒的重要風味。加鹽可以大幅降低苦味。

辣和澀也是口腔中重要的知覺。

辣是一種灼熱刺激的感受，黑胡椒、辣椒、生薑、生大蒜、洋蔥、芥末、山葵、水田芥與芝麻菜都會引起辣感。澀是一種乾燥粗糙的感受，濃紅茶或紅酒中的單寧都會引起澀感。

食物有數百種不同香味，這些香味賦予食物特性，讓食物具備獨特風味。所有的水果都有甜味和酸味，但是蘋果聞起來就是蘋果、桃子就是桃子。

食物中的香味也有多種特性，除了有水果味、肉味、魚味、蛋味、堅果味和辛香味，還有花香味、青草味、土味、木頭味、煙燻味、皮革味和穀倉味。

食物的香味由多種香味化合物混合而成。就如同音樂中的和弦，食

物的香味也是由數個化學音符結合而成。芫荽籽和生薑的辛香味都含有檸檬調，成熟的香蕉則含有丁香調。

　　我們在烹調時會同時放入各種食材，創造出新的混合香味。香草[1]和香料能為一道料理貢獻數十種香調，共同譜出風味的和弦。

　　熱會改變食物的風味；能讓肉類和魚類比生的時候更具風味，讓洋蔥和大蒜變得溫和，讓甘藍菜風味增強，也讓綠芥菜的辛辣味減少、苦味增加。

　　烹調也會使食物產生新風味；用油脂煎炸會改變油脂分子，進而產生特定風味。

　　高溫或持續加熱會讓食物產生美味的「褐變」風味。當食物在鍋子、烤箱或烤架上轉變成褐色時，意味著熱讓原本不具風味的蛋白質和碳水化合物發生作用，形成了數百種味道和氣味分子。當溫度上升到水的沸點之上，褐變反應所生成的產物會最多，因此食物在表面的水分乾了之後才容易變成漂亮的褐色。

SEASONING FOODS
食物的調味

　　調味意味著平衡並調整食物的風味，使吃的人感到愉快。

　　好好調味是廚師的責任。食譜不可能詳述調味方式，因為食材和烹調過程的變化太大，難以一一說明。

　　人們對風味的感受也各不相同，因此沒有絕對的好味道，這是生物學問題，無法避免。每個人遺傳到不同的味覺受體，有的人對於某些味

---

1. 編注　本書中，herb（香料植物）一律譯為「香草」，vanilla 則譯為「香莢蘭」。

道或氣味就是特別敏銳，但是對於另一些味道或氣味就完全沒反應。有些人天生味蕾就比別人多。不過每個人在年老之後，味覺和嗅覺的整體敏銳度都會下降。

好廚師要能夠接納每個人對風味有不同感受。放開心胸討論，了解自己對於哪些風味較敏銳或遲鈍，然後在調味時納入考量。如果有人在食物端上桌之後要求自行調味，不用覺得不快。

味道乃風味的基礎，而氣味則是風味的上層自由結構。幫食物調味，就是要讓基本的味道達到平衡，並讓氣味盡可能飽滿。

在食物起鍋前，一定要確認調味是否恰當。食物的風味會隨著烹調過程而改變，我們期待風味能藉著烹調融合成一個整體，但過程中通常也會流失某些想要的風味香調。

以上菜時的溫度來調味，因為溫度會大幅影響我們對風味的感受。在熱食中，鹹味、苦味和大部分的香味會較為凸顯。

調味時要不斷試味道，然後問自己這些問題：

· 夠鹹嗎？味道會不會太平淡？

· 如果加入檸檬汁或是醋，這酸味能使風味更清晰、更刺激食慾嗎？一般而言，酸味能平衡並凸顯風味，但其功用常受到低估。

· 有足夠的鮮味或甜味去承載香氣嗎？

· 倘若加入一點胡椒，其辛辣味能否讓食物的味道更鮮明？

· 我想要的氣味是否消失或被蓋住了？是否需要再加一次調味料以回復香氣？倘若再加入一些香草、香料、奶油或是帶青草味的橄欖油，香氣能變得更飽滿嗎？

Water and food enter into almost everything we cook

CHAPTER 2

BASIC KITCHEN RESOURCES: Water, the Pantry, and the Refrigerator

廚房中的基本資
源：水、食物櫃
與冰箱

水是烹調的命脈，也是食物
加熱、冷卻與清洗的媒介。

水是烹調的命脈，所有食物都含有水分。水也是食物加熱、冷卻與清洗的媒介。但是水不只是 H_2O 而已，從水龍頭流出來的水，有時並不適合烹調，也未必有益健康。

食物櫃是放置食物與食材之處，能達妥善保存之效，並便於我們烹調時隨手拿取。裡面存放的東西包括罐裝和瓶裝等調理食品，乾燥的穀物、豆類、麵粉和麵條，烹調用油、調味料、香草和香料。食物櫃的空間如果沒有好好規劃，會越來越擠，最後無論食材新舊、新鮮與否、有無味道，全都混在一起。因此最好定期檢查，淘汰食材。

我發現可以用一種既愉快又刺激的方式整理食物櫃。只要偶爾站在食物櫃前，面對一堆調味料，一罐一罐打開，嘗嘗看、聞聞看。心中不要想著要做什麼料理，而是回憶這些食材是什麼，以及味道像什麼。好好享受每一種食材的特質，如果味道淡了就汰除，再補充新的。麥芽醋和巴薩米克醋（balsamic vinegar，又稱義大利葡萄黑醋），黑胡椒和長辣椒，一般的黃砂糖和帶有酒香的椰糖，來自馬達加斯加、大溪地和墨西哥的香莢蘭……這些食材會因為產地和文化的差異，產生各具特色的香味，而我將有可能在未來幾週把這些食材一起端上餐桌。比起以往，你現在只需用到幾櫃食材，就能創造出一個感官世界。

WATER IN THE KITCHEN
廚房裡的水

　　純水本身是簡單的化合物 H_2O，但在現實生活中，水是來自水井、水龍頭或是保特瓶，必定含有少許可溶性礦物質、有機物和氣體，用這些水來烹調，裡面的微量成分會影響食物的風味、顏色、口感以及長期健康。

　　自來水是常用的烹調用水，如果你能先檢查自來水的成分並加以調整，有些食物煮起來會更好吃。

　　最好檢查一下自來水的含鉛量，如果你住的地方水管老舊、重新裝設，或是有比較複雜的供水系統。鉛的毒性會影響神經機能，容易對兒童造成傷害，也會累積在體內。此外，由於舊式的配水管是鉛管，自來水中常含有鉛。即使在今日的美國，合法的「無鉛」配水管線還是會含有一些鉛。

　　水龍頭最好先流個一、兩分鐘，或等到到流出冷水，尤其是如果已經好幾個小時沒開。即使管路大部分是塑膠製的，水停留在管路中時，也會溶入一些不必要的鉛、銅和鋅。

　　烹調時請使用冷的自來水。熱的自來水可能會攜帶水管中的可溶性金屬物質，水在熱的水塔中也會產生異味。

　　以下情況可以使用熱的自來水：蒸煮或隔水加熱等不會讓水直接接觸到食物的情況。

　　檢查自來水的味道。先讓冷水流一分鐘，用玻璃杯裝一杯水，讓水恢復到室溫再嘗嘗看。如果不好喝，試著用濾水器改善水質。

　　檢查水的酸鹼度和硬度，必要時加以調整。你可以從自來水公司那裡得到水質報告，或是將水送給科學檢驗公司檢驗。

　　水的酸鹼度是酸性的單位，以 pH 值表示。烹飪用水的理想 pH 值是 7，代表中性。如果 pH 值低於 7，表示水微酸，綠色蔬菜在這樣的

水中烹煮容易變色。如果 pH 值超過 8，表示微鹼，嘗起來味道較怪，泡出來的茶也會走味，而且會讓淺色的蔬菜與穀物變黃。

要調整烹飪用水的pH值，只需加一點小蘇打到酸性的水中，可以提高水的鹼性；在鹼性的水中加入一點檸檬汁、檸檬酸（酸味鹽）或是塔塔粉（酒石），可讓鹼性水偏酸一些。

水的硬度由水中的鈣和鎂含量決定，如果鈣或鎂的含量太高，水會有苦味。用硬水來煮米或其他淺色食物會讓食物變黃，用來泡茶會產生茶沫，用來烹煮會讓蔬菜和穀物較不易變軟。

如果你的水因為硬度太高而引發這些問題，建議用瓶裝水來泡茶，至於容易受到硬度影響的食物就用蒸的，別用水煮。

要做出沒有怪味的冰塊，就要使用味道好的水和乾淨的製冰盒。冰塊結凍之後，放到密封的冰盒中。冰塊在使用之前先用水沖個幾秒鐘，因為冰塊放在冰箱中一陣子之後，表面會吸收不好的氣味。

STORING FOODS
保存食物的方式

保存食物的目的是減緩食物自然腐敗的速度，維持新鮮的品質。

不新鮮的食物，風味和口感會明顯變差，但還是可以吃，煮一下通常能夠去除不新鮮的味道。不新鮮的麵包再加熱一下會變軟，酥皮、核果和油炸的點心再加熱一下就會變得酥脆。

腐敗食物的風味和口感就讓人不敢恭維了，至於到什麼程度算「不能吃」，則很主觀。腐敗的食物或許還有營養，吃下去也未必有危險，但是走味和質地變得軟綿，則可能是有害微生物污染食物的警告訊號。

食物保存期限與新鮮度的敵人是熱、光和空氣。熱和光線中的能

量、氧氣、濕氣和微生物，都會使食物走味然後腐敗。

大部分的食物以密封儲存在陰涼處可保持最佳狀態。

▍在室溫之下儲藏食物

不管是食物櫃還是櫥櫃，只要在室溫下，都適合儲放乾燥、罐裝和醃製加工的食品，至於某些腐敗速度緩慢的新鮮根莖類蔬菜，也適合放置於此。乾燥的食物可以放好幾個月，密封的罐頭至少可以存放一年以上，食鹽和食糖則沒有期限。

盡量讓櫥櫃保持陰涼。**櫥櫃正下方不要放置**烤麵包機、烤箱或是其他可移動的加熱廚房設備。若把器具放在櫥櫃下方，使用前必須先移開。水槽下方、洗碗機與冰箱旁邊、爐子上方的櫥櫃，也不要拿來存放食物。

乾燥的食材要放在不透光的容器中，或是置於沒有透明玻璃的櫥櫃中。用玻璃瓶罐裝東西很美，但玻璃會透光，讓裡面的食物走味。

乾燥的食物如果裝在紙袋、紙盒或是薄的塑膠袋中，味道會散失，同時也難以隔離濕氣、氧氣與昆蟲。選擇以厚實塑膠袋包裝的產品，或是買回來後移至玻璃罐或塑膠罐中。

罐頭食物在加工的過程中經過高溫處理，因此通常帶著一股強烈的烹煮味。罐頭食品也可以很美味；多年來，歐洲的美食鑑賞家甚至會頒獎給最佳罐裝海鮮和肉類，這些罐頭不但封裝完好而且可以長久保存。

罐裝蔬菜與水果通常含有大量的鹽、檸檬酸、糖和其他添加物，以增添風味與維持口感。購買前要詳閱標籤。

吃剩的罐裝食物要放在玻璃或塑膠容器內冷藏，避免食物和氧氣、金屬發生反應。如果你把食物留在罐頭裡，得用保鮮膜封好，而不能用鋁箔紙來封，因為鋁箔會被侵蝕。

在包裝和罐頭上標明開始存放的日期。在架子上，新品要放在舊品後面，最舊的食品要最先食用。

判斷櫥櫃中食物的保存期限沒有什麼可靠規則。在未開封的情況下，食物若經過適當處理與保存，通常吃進肚子裡不會有危險，食物只

會慢慢地從非常適合食用，變成還可以食用，最後變成無法食用。不同的人會有不同的區分準則，而製造商註明的截止期限通常都很保守。

食物若儲藏了很久，先試吃一下，如果還能吃就馬上吃掉。包裝好的食物一旦打開，很快就會變質。

▎以冰箱與冰櫃儲存食物

在室溫下很快就會腐敗的食物，可以用冰箱與冰櫃來冷藏或冷凍。一般乾貨如果用冰箱或冰櫃儲藏，也可大幅延長保存期限。冰箱與冰櫃能降低食物的溫度，減緩食物不新鮮與腐敗的化學變化，進而達到保存食物的目的。

不管是新鮮食材還是已經煮過的食物，都需要冷藏，這樣才能延緩腐敗與致病微生物生長。

有些冷凍蔬菜和海鮮的品質其實比不冷凍的還要好，這些食物在採摘或捕獲的幾個小時之內就冷凍，然後妥善保存，等到要烹調時才解凍。

食物在煮熟後要比新鮮時更適合冷凍。冰的結晶通常會破壞生肉、生魚、蔬菜和水果的組織，造成食物中的汁液流失，但是對於已煮熟的食物組織影響卻不大。

定期以溫度計測量冰箱和冰櫃的溫度，必要時調整恆溫器。定時清洗門上的置物架和冷卻盤管。

讓冰箱冷藏室最冷區域的溫度保持在 0~3℃，絞肉、魚肉、雞肉和牛奶容易腐敗，因此得放在這個區域。溫度從 5℃ 調降到 3℃ 可讓保存期限加倍。

冷凍櫃與冰櫃盡量維持低溫，通常是 -18℃ 或更低。

避免讓冰箱與冰櫃增溫，盡量少打開，打開的時間也盡量短。煮過的食物要先冷卻到室溫或是浸泡冰水之後才放進冰箱。冷凍的食物就算在冷凍狀態下，溫度變化也會逐漸損傷食物的風味與質地。

把食物裝在塑膠或玻璃容器中，比較不會染上彼此的味道，冰箱的氣味也比較不會影響食物。風味強烈或是有顏色的食物，最好用玻璃容

器盛裝，因為顏色和味道會留在塑膠上。如果要用塑膠袋裝，最好選擇冷凍專用的厚塑膠袋，或是真空包裝專用的塑膠袋。

包裝容器中的空氣越少越好，所以盡量用小容器來盛裝，或是放入軟的塑膠袋，再用手或真空機器把多餘的空氣擠出。也可將塑膠膜或蠟紙緊貼著食物包裹，或塗上一層薄薄的油。

乾燥的香料、香草、穀物和粉狀食材，得先回復到室溫再打開包裝。空氣中的濕氣會凝結在冷的東西上，進而損害食物的風味。

FATS AND OILS
脂肪與油

廚房中，脂肪與油有很多用途，可以塗在食物表面好增加風味與豐富口感，或是拿來煎炸食物，也可以用來製作糕餅。脂肪在室溫下是固體，油是液體。

脂肪與油有多種選擇，各具不同風味和黏稠度。非精製油在榨油的過程中並未去除雜質，因此通常比精製油更有風味。

來自動物身上的油脂風味絕佳，例如來自牛奶的奶油、來自豬肉的豬油，以及來自雞、鴨和鵝的較軟脂肪。

豬油比奶油軟，而且容易酸敗。買豬油之前要先檢查標籤，避免買到氫化豬油，雖然那比較穩定，但含有反式脂肪酸。

富含風味的植物性脂肪有椰子油、棕櫚油和可可油。人造奶油也是，但這是一種模仿奶油的植物性脂肪。

富含風味的植物油有橄欖油、芝麻油、核桃油、杏仁油和榛果油，不過這些特殊風味會受到熱的影響，因此最好在起鍋前再淋上。

橄欖油的品質和價格變動很大。「特級初榨」（extra-virgin）的標示和高單價並不保證品質一定精良。價格平實的好油風味溫和，適合烹

調。價格昂貴的好油通常富含抗氧化劑，風味濃郁，有時會刺激到讓人咳嗽，最好是用來當作配料。

無味的植物油大多來自於油菜、玉米、棉花籽、花生、大豆、紅花與葡萄籽。植物性起酥油是一種無味的植物性脂肪，以化學方式將精煉的植物油改造之後製成。這些中性的油適合拿來炒炸食物，不會為食物增添其他味道。

脂肪和油會慢慢分解而酸敗，暴露在溫暖的光線和空氣中都會變得不新鮮，發出紙箱和油漆的氣味，嘗起來有刺激感。

液態的油特別容易酸敗，固態的脂肪則比較穩定。

盡量使用最新鮮的脂肪和油。購買之前檢查保存期限，盡量買小包裝，才不會讓油脂在食物櫃裡放上好幾個星期甚至好幾個月。

脂肪和油要密封起來，存放在陰涼之處。堅果油和豬油特別容易壞，而奶油和人造奶油含有少許水和乳固形物，因此都得放入冰箱。奶油和人造奶油如果能避開光和空氣，例如放在奶油保存罐中以水蓋過而隔絕空氣，便能在室溫下保存數日。

用不透氣的膜緊緊包住脂肪，不要留下空隙，否則空隙中的空氣會讓脂肪酸敗。

脂肪每次使用前，記得先刮下表層，因為表層會累積酸敗的味道。

脂肪和油在使用前要先嘗一嘗。倘若已經走味，就意味著這些油脂在烹調過程中會繼續變質，而這種味道也會進入食物。

比起非精製與走味的油，精製油和新鮮的油比較能夠耐受高溫油炸。油溫一超過 200℃，所有油脂都會變質而開始冒煙。奶油、人造奶油和植物性酥油含有其他物質，這些物質的冒煙點都在 175℃以下。炸東西時，要選用沒有添加香料和乳化劑的起酥油。

自行提煉的家禽脂肪和豬油含有雜質，會加速油脂酸敗，因此這些脂肪要緊緊包好，然後冷藏或冷凍，並在幾週之內用完。培根脂肪的香氣比豬油還要濃郁，但因含有亞硝酸鹽，因此更穩定。

炸過的油應該丟棄，除非油依然透明而不黏稠，保留時要濾掉食物殘渣。倘若油的顏色變深、質地變得黏稠，就必須丟棄。比起新鮮的

油，用過或是放置已久的油，在油溫較低時就會冒煙。

不沾油（nonstick spray）含有少量植物油、乳化劑和其他避免讓食物沾黏在鍋子表面的化學物質，冒煙點約為 175℃，在這個溫度下油色也會轉黃。

THE FLAVOR PANTRY
調味料

食物櫃中還有許多增添風味的食材，能讓你的食物更美味。

要讓一道菜的風味更加豐富、細緻，就得調整各樣基礎味道的平衡。利用你的調味料，創造飽滿和諧的香氣。

把各種味道和香氣的食材納入你的食物櫃，依序擺放並要能方便拿取，然後積極發揮創意運用到菜餚中。有時候一道菜嘗起來不太對，往往只是需要一點「別的東西」。這時你可以看看自己收集的香料，喚起記憶中的味道和香氣，然後開始想像。

鹽

鹽幾乎是所有食物都需要的調味料，甚至能凸顯甜味。鹽屬於礦物（氯化鈉），可以永久保存。市售的鹽類面貌變化萬千。許多已經處理好的調味品，例如醬油、味噌、鯷魚醬和魚露，鹽都是重要成分。

粒狀食鹽有時加入了碘化鉀，這種礦物能夠預防缺碘所造成的疾病。食鹽通常還含有少許矽酸鹽抗結塊劑（呈細粉狀），避免鹽晶彼此黏結。

猶太鹽和醃漬鹽並不含碘或抗結塊粉末，能夠讓醃漬的鹵汁保持澄澈。這類鹽的顆粒大、表面平整，方便廚師在調味時捏一撮撒開，同時

也能夠看到鹽在食物表面分布的情況。

海鹽來自海洋，大部分常用的鹽也是如此。海鹽多少經過純化，潮濕的海鹽含有少量含鎂礦物與含鈣礦物，因此稍微帶點苦味。

岩鹽是表面粗糙的塊狀礦物，有時不夠精純而無法食用，只能作為製作冰淇淋的冷卻劑，或是裝飾貝類或其他食物的襯底。

「鹽之花」（**fleur de sel**）採自鹽池底部大塊結晶的表面，價格昂貴，通常在最後才撒在菜餚上，不但能帶來視覺效果，咬下後還能立即溶解，迸發出強烈的鹹味。

調味鹽除了提供基本鹹味，還添加了其他風味，包括辛香味、香草味、味精、甜味和煙燻味。

有色鹽的成分除了氯化鈉，通常還加入其他有色礦物，例如紅黏土或黑砂，這些礦物幾乎沒有味道。唯一的例外是印度的「黑鹽」，這種帶點灰紅色的鹽含有強烈的雞蛋味。

代鹽是以氯化鉀來取代部分氯化鈉，沒有一般的鹽那麼鹹，不過比較苦。

沒有添加香料的鹽，嘗起來都差不多，尤其是加進食物以後。有些來源奇特的鹽，聽起來可能很有趣，但是嘗起來並沒有什麼特別。

重要的是，不同的鹽有不同密度，也就是同樣的體積會有不同重量。一匙一般食鹽的重量，是一匙薄片狀猶太鹽的兩倍，因此加入食物之後所產生的鹹味也是兩倍。不同品牌的猶太鹽，每一匙的重量差距可超過1/3。

照著食譜烹調時，正確拿捏鹽的分量是項重大挑戰。許多食譜只會指出所需鹽分的體積，卻沒有交代鹽的種類，結果我們依舊不知道需要多少鹽。因此說明鹽的分量時，最好使用重量，而非體積。

要確認食譜使用的是哪一種鹽，尤其是以體積來表示鹽的分量時。如果你使用的並非同一種鹽，就得根據密度加以調整。如果食譜中沒有指定使用哪種鹽，先加少一點，之後嘗嘗味道再逐漸增加。製作鹵水的食譜，要確認鹽的分量是以重量標示，或是否指定鹽的種類。

就算鹽的分量相同，不同的人嘗到的鹹度還是會不同。這關乎個人

的感知能力而非喜好。有些人喜歡比較鹹，可能只是因為味覺沒有別人那麼敏銳。

你得知道自己對於鹹味的敏銳程度，並在烹調時納入考量。要確認自己對鹹味的感知，可和他人一起調味一道菜，然後比較對鹹味感受的差異。

醃製鹽通常不會出現在一般廚房裡。這種鹽不但含有一般的氯化鈉，還加入了亞硝酸鈉和硝酸鹽，用途為醃製香腸和肉品。硝酸鹽和亞硝酸鹽能夠抑制肉毒桿菌的生長，同時保持肉的鮮紅色。

醃製鹽要標示清楚，並且小心使用。醃製鹽中的硝酸鹽若攝取過量會毒害人體，因此有時會加入粉紅色染料，以便與食鹽有所區別。有些食鹽也會特地加入粉紅色染料，別把這兩者混淆了。

▍酸

酸是可產生酸味的物質。所有水果、發酵飲料、乳製品以及許多醬料和淋醬，都有獨具一格的酸味，能讓風味平衡，產生清新的感覺。

大部分食用的酸都只是酸而已，並沒有香味，不過讓醋散發特有氣味的醋酸除外。

檸檬和其他柑橘類是最常用到的酸味食材，但是不適合放在食物櫃中，因為水果和果汁很容易壞掉。柑橘類的果汁最好是新鮮現榨，而且在上菜之前才加進去。這些果汁一經加熱便遭破壞，放在冰箱中也很快就會變質。

酸葡萄汁（verjus）是從未成熟葡萄榨出的酸味果汁，平常較少見，可以用來代替柑橘類果實的果汁，也很容易壞。

醋是醋酸的水溶液，能在室溫下保存數年。各種醋所含的醋酸濃度不同，標準的麥芽醋、蘋果醋和蒸餾醋濃度約 5%。有些亞洲醋中醋酸的含量是 3~4%，而葡萄酒醋是 7%。

確認不同食醋標籤的醋酸含量，如果要替換食譜中的醋，就要據此調整分量。

醋通常會有複雜的味道和香氣，因為醋是由含有香味的發酵酒精所

製作而成。

· **蘋果醋、麥芽醋、葡萄酒醋和西班牙雪利酒醋**，都可以嘗到原料的味道。

· **蒸餾醋**只有水和純醋酸，因此沒有其他風味。

· **義式巴薩米克醋**擁有獨特的香氣以及強烈的酸甜味。由於製程獨特，因此顏色較深。傳統製法的成本十分昂貴，需耗時數年；工業製成的仿造品就便宜許多，兩者之間還可分出許多等級。

· **中式烏醋**是烤過的米發酵製成，風味豐富，還有些微鹹味。

· **日式米醋**是未烤過的米發酵製成，風味細緻。

· **調味醋**是把各種香草或水果浸在醋中製成。

酸味水果乾可放置在食物櫃中好幾年，同時也有水果的風味。你可以在傳統市場中找到這類材料。

· **羅晃子**（tamarind）是一種熱帶樹豆莢中的深褐色果肉，在陽光的褐化作用下產生酸甜可口的滋味，通常用於印度與墨西哥料理。

· **芒果粉**（amchur）是青芒果的粉，用於印度料理。

· **鹽膚木**（sumac）是鹽膚木紅色果實製成的粉末，除了酸味之外還含有單寧，用於中東料理。

從水果或發酵品中所純化出的酸晶體，使用方便，能為食物添加酸味，而不會增加其他香氣與水分。可在販賣家庭釀酒相關產品的商店找到。

抗壞血酸（亦即維生素 C）是一種抗氧化劑，如果要預防蔬果的切面或是蔬果泥變色，抗壞血酸非常好用，效果遠勝檸檬汁或檸檬酸。許多水果中都有純質的抗壞血酸。如果要在烹調時加入維生素 C 片，要確認標籤中是否有其他營養成分或是填充物。

· **檸檬酸**（又名酸味鹽）是檸檬中酸味的純粹形式，可在超級市場的專區或是猶太食品區找到。

· **蘋果酸**是蘋果中酸味的純粹形式，可在健康食品店買到。

· **酒石酸**（又名塔塔粉）是葡萄或葡萄酒中酸味的純粹形式，常用在烘焙食品中。酒石酸能穩定雞蛋泡沫，以製作蛋白霜與蛋糕，也能和

小蘇打反應，產生二氧化碳讓食品膨發。

糖與糖漿

　　糖是固態的甜味來源，糖漿則是液態。人打自出生起，就會追尋甜味。糖和糖漿皆由植物或樹木的汁液提煉而成。

　　精製糖去除了植物的其他成分，只留下提供單純甜味的蔗糖結晶。

　　未精製糖和部分精製糖中的蔗糖結晶外包著一層糖蜜（molass），這是植物汁液在加熱濃縮時產生的深色糖漿副產品。通常糖的顏色越深，風味就越強烈、豐富而複雜。

　　不同種類的糖有不同密度，所以同樣一匙的重量，分量並不相同。烹調時要採用重量而非體積來計算。

　　如果你要替換食譜指定的某一種糖，記得使用正確的重量。

　　·**食糖**是純粹的白砂糖，原料通常是甘蔗或甜菜。雖然兩者的甜味並無差別，不過甜菜糖有時會有一點味道。

　　·**特細砂糖或是烘焙用糖**是磨得很細的食糖，由於結晶較小，很快就可以溶入還沒有煮過的食材（例如蛋白霜）。

　　·**粉糖**是磨得非常細的糖，還加入了一點玉米澱粉，主要用來製作糖衣。粉糖很蓬鬆，體積是等重量食用砂糖的1¾倍。

　　·**黃砂糖**是白砂糖外層包上了一層糖蜜糖漿，使得糖晶依附在一起成為一團鬆軟的固體，如果放著，會乾掉而結成硬塊。一般黃砂糖是在完全精製糖的外面加上糖蜜製成。

　　·要讓結塊的黃砂糖變鬆，可放入微波爐加熱 20~30 秒；如果沒有變鬆，可重複幾次直到變鬆。也可以和一片新鮮麵包或蘋果密封在袋子中，放上幾個小時即可。

　　·**黑糖、天然粗糖（turbinado）、巴貝多黑粗糖（barbados）、德梅拉拉蔗糖（demarara）、粗糖錠（piloncillo）、全糖（whole sugar）**都是部分精製的蔗糖，糖粒都覆蓋著一層甘蔗原汁的糖蜜，風味比起一般黃砂糖更濃烈。

　　·**椰糖和印巴黑糖**是由亞洲製糖用棕櫚樹的汁液所製成，是未經純

化的糖晶，表面有一層類似糖蜜的棕色渣滓，具有獨特酒香。

· **棗糖**（**date sugar**）含有研磨過的椰棗乾，以及細小的椰棗果實碎屑，因此不會像其他糖一樣完全溶解。

糖漿是含有各種糖類（通常是葡萄糖和果糖）的濃縮液體。傳統糖漿具有各種獨特香氣以及一點酸味。由於含有大量水分，要以大量糖漿才能代替白砂糖。

· **蜂蜜**源自於花蜜，由蜜蜂採收與轉化後製成原始的糖漿。「品種蜂蜜」來自各種特定植物的花，具有獨特風味。蜂蜜中的糖分是果糖和葡萄糖，而非一般食用蔗糖。同體積蜂蜜比蔗糖甜，加熱時更快發生褐變反應，用在烘焙食物上更能保持食物濕潤。

蜂蜜在儲藏過程中會慢慢變得濃稠而產生結晶，只要慢慢加溫就能使蜂蜜恢復液狀。

· 一歲以下的嬰兒不要餵食蜂蜜。蜂蜜中可能含有細菌孢子，會導致嚴重疾病。

· **傳統糖漿大多是**由植物的汁液熬煮而成。顏色較深的糖漿意味著較強烈的焦糖風味。楓糖漿（主要的糖分是蔗糖）和樺木糖漿來自喬木，甘蔗糖漿與高粱糖漿的原料來自高大的禾本科植物，而龍舌蘭花蜜（主要的糖分是果糖）則採集自類似仙人掌的沙漠植物。麥芽糖漿取自發芽的大麥穀粒，主要的糖分是麥芽糖，甜度不及蔗糖和果糖。

「鬆餅糖漿」等楓糖漿的仿製品，是由玉米糖漿和人工香料製作而成的。

· **糖蜜**是甘蔗汁加工成蔗糖的過程中產生的深色黏稠殘餘物，風味強烈而獨特，沒有純蔗糖那麼甜，有時甚至帶有苦味和酸味。石榴糖蜜是把石榴汁加熱濃縮而成，滋味酸甜。

· **玉米糖漿**由玉米澱粉製作而成，含有葡萄糖和澱粉增稠劑，因此雖有濃縮糖漿的黏稠度，卻只有中等甜度。玉米糖漿和其他糖漿不同，本身缺乏風味，因此常以香莢蘭調味，在烘焙食物或製作糖果時是重要而有用的食材。

· **高果糖玉米糖漿**是把玉米糖漿的部分葡萄糖轉換成較甜的果糖。

代糖有兩種不同類型：

· **高甜度的甜味劑**，只要一點點就能產生甜味，因此熱量也低，甚至不含熱量。人工甜味劑有糖精、阿斯巴甜、蔗糖素和醋磺內酯鉀（acesulfame）。甜苷（rebaudiosides）是萃取自甜菊的天然甜味劑。這些甜味劑烹煮後都能夠維持甜味，但阿斯巴甜除外。苯酮尿症的遺傳病患如果吃了阿斯巴甜，會造成身體不適。

· **填充劑**能讓糖更具質量，但不含熱量，也沒那麼甜。在健康食品店可以買到木糖醇（xylitol）這種由植物纖維製成的填充劑。木糖醇在舌頭上溶解的時候會帶來清涼的感覺。

▍鮮味調味劑

鮮味是一種濃厚、讓人垂涎的味道。濃縮高湯、陳年乳酪、番茄和煮過的蘑菇都有這種味道。

鮮味（甘味），有時也以日文「旨味」（umami）來稱呼，是由胺基酸、麩胺酸，以及伴隨出現的物質核糖核苷酸（ribonucleotide）所形成的。

麩胺酸鈉就是味精，是一種有鮮味和鹹味的結晶狀粉末。傳說味精會造成「中國餐館症候群」（面部潮紅與頭痛），但許多醫學研究都指出這並無根據。

許多食材與配料都含有麩胺酸與其相伴物質，具有鮮美、濃厚的特質，這些食物包括：

· **罐裝的肉高湯和蔬菜高湯、包裝好的半釉汁（demi-glace）、肉類萃取精華、高湯塊。**

· **醃漬鯷魚、鯷魚醬、義大利鯷魚露、鰹節（柴魚片）**，以及亞洲的魚露、蠔油和蝦醬。

· **菇蕈（特別是乾香菇和牛肝菌菇）、酵母醬（維吉麥醬[1]或馬麥**

---

1. 編注　Vegemite，澳大利亞的酵母醬品牌。

醬[2]），乾海藻（尤其是日本昆布）。

‧伍斯特辣醬油、醬油、液態胺基酸（原料是黃豆）、味噌、黑豆豉。

醬油的原料除了黃豆，還有小麥，而且有數種類型。中國醬油的色澤和味道都比日本醬油濃烈。玉溜中幾乎沒有小麥，而白醬油則只有極少量的黃豆。

要檢查醬油的標籤，確定是發酵製成。

傳統醬油是以發酵方式慢慢製成，風味較佳；化學醬油則是以強酸加工快速製成。

▌苦、辣與清涼調味料

苦味、辣感與清涼感本身雖然並非特別令人愉悅的感受，但如果搭配其他風味，則能產生宜人的刺激的感受。

苦味是咖啡、茶和巧克力的主要風味。奎寧（通寧水）、苦艾酒（味美思酒）、菲奈特－布蘭卡酒（Fernet-Branca）以及其他開胃酒也都有苦味。

在食物櫃中，主要的苦味食材是苦味酒或是苦精，後者是從香料和樹皮萃取出來的，主要用在調酒。這些食材不但有苦味，還有強烈的香氣。有些中國茶是因為極端的苦味而成為上品。

辣並不是味道，而是一種燒灼的刺激感，能帶來愉悅的疼痛感。辣來自於洋蔥、大蒜、橄欖油以及某些香料植物所含的各式化合物，這些物質也成為製作「辣醬」的基本材料。辣分成數種：

‧**胡椒和薑只會讓口腔或直接碰觸到的部位出現燒灼感。**

白、黑、綠色胡椒籽，還有辣椒（卡宴辣椒、紅椒、甜椒等各類紅色椒類）和生薑，都會讓口腔產生燒灼感。胡椒的辣味在烹調之後不會消失。

‧**芥末的辣味則會在口腔、鼻子和肺部造成燒灼感，**因為這種辣味

---

2. 編注　Marmite，英國的酵母醬品牌

會隨著呼吸與空氣流動。烹調會讓芥末的辣味消失。芥末籽與其相關食材如辣根、日本山葵等，都會刺激鼻子與肺部。

山葵粉通常是由辣根粉末混合綠色食材所製成。你可以在日本蔬果店中買到真正的新鮮山葵，食用之前再研磨就可以了。

‧ 如果芥末太辣而讓你咳嗽，你可以用鼻子吸氣、嘴巴吐氣。

‧ **花椒的辣會在你口中擴散出麻麻的感受**，川椒籽、日本山椒末與山椒葉、澳洲山椒都會帶來這種感受。花椒的麻辣在烹調後也不會消失。

辣的調味品在烹煮加熱或用熱水清洗碗盤時，都有可能刺激眼睛和肺部。

處理辣椒時要戴手套保護，處理完畢雙手要用肥皂徹底清洗。手指殘留的刺激物如果碰到身體其他地方，都會造成燒灼感。

烹煮時如果使用到辣的香料，要打開抽油煙機並且開窗。

清洗接觸過辣味食材的砧板、刀子與容器時，先用冷水沖洗，再緩緩把殘留物刮除洗淨，盡量不要讓水噴濺起來，才能把刺激的水氣減少到最低。

如果嘴巴被辣椒辣到，喝一口不含碳酸的冷飲。刺激物造成的燒灼感是無法去除的，但降低嘴巴溫度則有助於減緩疼痛。至於碳酸氣泡飲料反而會增強辣的刺激感。如果皮膚被辣椒辣到，可用冷藏過的物體或是自來水冷敷。不要用冰塊，因為冰塊會凍傷皮膚，反而引起疼痛。

清涼感來自於薄荷和綠薄荷中的薄荷醇（薄荷腦），用口吸氣時感受會特別明顯。食物櫃中含有薄荷醇的食材，通常是薄荷萃取物或是含有薄荷醇的糖果。

▌芳香香料與香草

香料與香草能夠提供菜餚香味與辣味，全世界有數十種香料與香草等著你去嘗試。

香料是最適合存放在食物櫃中的食材。香料大多是植物的種子、樹

皮、根部，經乾燥後濃縮且增強了滋味。

　　盡量讓香料保持完整，使用之前才研磨。香料研磨之後，很快就會失去香氣並迅速走味。

　　如果要使香料的風味更濃烈，可以放到乾鍋或是油中稍微加熱，直到香氣冒出。

　　有許多香草在新鮮時會比乾燥好。香草是新鮮的綠葉，隨著時間乾燥後會逐漸失去香味。

　　有些香草在乾燥之後依然好用，像是月桂葉、奧勒岡、迷迭香、鼠尾草、香薄荷和百里香，這些本來就是能夠耐受乾燥環境的地中海植物。

　　乾的香草和香料要密封好放在不透光的容器中，或是陰涼之處。

　　新買回來的瓶裝香料和香草香要嘗一嘗，之後也要定期檢查品質，如果香氣消逝了就要換新的。廚師常會用到走味的香料。完整的香料好好保存可以放置一年，但是香草和研磨過的香料只能保存數個月。

　　常用的香草包括羅勒、月桂葉、細葉香芹、芫荽、蒔蘿葉、檸檬馬鞭草、墨角蘭、薄荷（綠薄荷與胡椒薄荷）、檸檬香茅、奧勒岡、香芹、迷迭香、番紅花、鼠尾草、紫蘇、龍蒿、百里香，以及乾燥的洋蔥和大蒜。

　　烹調常用的香料有多香果、茴香籽、阿魏、葛縷子、小荳蔻（綠色、白色、黑色）、芹菜籽、辣椒、肉桂和中國桂皮、陳皮、丁香、芫荽、孜然、蒔蘿子、小茴香籽、葫蘆巴、薑、杜松子（刺柏漿果）、甘草、肉豆蔻乾皮、芥末、肉豆蔻、胡椒、罌粟籽、番紅花、芝麻、八角、薑黃、山葵、香莢蘭。

　　會辣的香料有辣椒、薑、高良薑、天堂籽（摩洛哥荳蔻，小荳蔻的遠親）、胡椒（黑胡椒、白胡椒、長辣椒、畢澄茄、綠胡椒籽）、山椒、花椒籽、芥末、辣根、山葵。肉桂、丁香和大蒜也有一些辣味。

　　世界各地也有獨特的香料與香草混合物，例如法國的四味香料（quatre epices）和調味香草束（bouquet garni）、印度的綜合香料粉（garam masala）和印度五香料（panch phoran）、日本的七味粉、北非

的摩洛哥綜合香料粉（ras el hanout）和北非芫荽醬（chermoula）、中國的五香粉、中東的墨角蘭綜合香料粉（za'atar）和葉門香辣醬（zhug）。

▍添加風味的材料和香味萃取物

香味食材和香味萃取物能夠迅速將香味溶入食物，通常是在上菜之前才加入。大部分的香味材料很穩定，但是添加香味的油容易酸敗，要放冰箱。

有添加香味的油、醋、酒、鹽和糖很容易買到，品質也不同。你可以自己製作：把沒有香味的基本食材和香草、香料、柑橘皮等其他類似食材混在一起就可以了。

自製香料油的時候要小心，也要留意非商業販售的香料油，這些都要放在冰箱中。致命的肉毒桿菌經常出現在植物中，包括香草與香料，而這種細菌會在沒有空氣的常溫油中繁殖。要確定你的食譜中是否注意到這個問題。

市售的香料萃取物經過濃縮，少量使用即可。這些萃取物通常都含有酒精，很容易和以水為基底的材料及醬汁混合。目前最常見的香料萃取物是香莢蘭和杏仁萃取物。

在購買萃取物時要注意標示，辨明是由複雜的天然食材製成，還是由「風味香料」或「香精」所製成，後兩者只是模仿天然食材的簡單化合物。仿製品或是人工製品便宜很多，但是味道通常不對。

使用時先滴一、兩滴，然後嘗嘗味道是否足夠。起鍋前再加入，這樣香氣才不會煮掉而造成浪費。

煙燻調味液是用水來萃取燻煙物而製成，真空乾燥之後就成了煙燻調味料。燻煙物中含有致癌的化學成分，有些可能也進入了煙燻調味液中。如果煙燻調味液中含有沉積物，靜置後只取上面的液體來用。

水溶膠（hydrosol）是以水為基底的香草或其他植物的香氣萃取物。水溶膠可以用水稀釋，對於調製有香味的飲品特別方便。橙花水和玫瑰水是中東地區傳統的烹飪材料。

香料店的精油也有越來越多種可供烹調使用。精油的濃縮程度非常高，可以提供特出的非食物香氣，包括木頭味、皮革味和菸草味。精油比較容易和食物性油脂混合，但也可以加入以水為基底的醬汁。

▋ 料酒

　　酒是含有乙醇的液體。酵母菌會讓葡萄汁、煮過的穀物和其他原料發酵，同時把糖轉變成乙醇。葡萄酒、啤酒、清酒的酒精含量在4~15%之間。蒸餾過的酒，例如白蘭地、威士忌、蘭姆酒、伏特加，酒精含量可能超過 40%。

　　酒本身有甜味和香氣，不過蒸餾酒的酒精濃度很高而有刺激性。酒在烹調時能提味，也會和其他食材起反應，並產生新的風味。

　　大部分的酒還有其他風味，包括酸味、甜味和鮮味，同時也具備非常廣泛的香氣。這些香氣有些是在發酵時產生，有時則是因為添加了其他香料成分。

　　烹飪用的葡萄酒通常會額外添加酒精，讓酒精濃度至少維持在18%，否則這些酒在開瓶之後很快就會壞掉。馬德拉酒、瑪莎拉酒、雪莉酒和紹興酒（米製）都因為有限度的氧化作用而具堅果的香氣，如此也讓酒的風味在保存過程中不易發生變化。

　　喝剩的餐酒要冷藏，這樣下次要拿來煮菜時才不會壞掉。

　　烹調的過程並不會完全去除葡萄酒或烈酒中的酒精。即使經過燉煮或以火燒掉酒精，食物中依然會有酒精殘留，對酒精敏感的人吃下後會出現不同反應。

　　白蘭地、蘭姆酒、伏特加以及其他烈酒在太熱或接觸到火的時候會燃燒。

　　用火燒掉酒精時要小心，要把爐火轉小，並關掉抽油煙機，不然火會往上冒而燒掉濾網。

It's easier to cook well when you have the right tools

CHAPTER 3

KITCHEN TOOLS

廚房用具

烹飪若想事半功倍，
就要有正確的工具。

烹飪一詞囊括了多項任務：清洗、切割、混合、保存與加熱。烹飪若想事半功倍，就要有正確的工具。

有些用具和設備的確更適合某些特定工作，但其實選擇廚房用具也是很個人化的事，而不止關乎烹調工作。有些廚師是簡約主義者，非常自豪能以最少的用具完成廚房中大部分的工作；有的廚師則比較像是深諳這些小玩意的行家，勤於收集各種器具，但拿來把玩可能比拿來使用的機會還多。無論如何，大多數的廚師都知道自己的喜好。銅鍋很貴，卻沒有比鋁鍋好用多少；鑄鐵鍋保養起來千辛萬苦，陶鍋則很容易打破。但是我一直很喜歡我那又重又亮的銅鍋，多年來也都用鑄鐵鍋來烹調食物，還有我那散發著雲母光澤的深赭色法國手工粗陶鍋。這些用具不會讓我煮出更好吃的菜，卻能讓我在煮菜時更加愉快。

到目前為止，還沒有出現那種能夠均勻導熱、讓食物翻動順暢、一抹就乾淨、永遠用不壞的完美平底鍋。不過，廚房用具一直在演變。幾年前，一種新材質的陶鍋問世，能夠承受爐火直接加熱。現在還出現新的鍋組，就算瞬間加熱過頭，塗料也不會分解成有毒物質，而且避免食物沾黏的性能也越來越佳，能禁得起持續使用與磨擦。即便是簡約主義者，也會喜歡這種對食物、廚師與環境更好的新一代用具。

MEASURING TOOLS
計量工具

　　烹調時，我們會把各種食材放在一起加熱，讓食材轉變成我們想要的樣子。此時食材的比例、加熱溫度與烹煮時間，都會影響烹調結果。

　　為了控制食材的比例與加熱過程，計量工具通常都能派上用場，甚至十分必要。

　　如果要精準烹調，就得使用量器。重量能夠直接顯示食材的分量；相較之下，用量匙或量杯得出的體積，其分量就可能隨著食材的緊密程度而有很大的變化。一茶匙細鹽的重量，可能是一茶匙片鹽的兩倍。

　　用秤來決定分量也比用量杯和量匙來得迅速而確實。

　　買個好的電子磅秤，至少可秤到 1 公斤、精細度達 0.1 公克，這樣精確值可以到 1 公克。把常用的食材體積換算成重量，例如一杯水、一匙鹽有多重等，然後記下來，如此倘若食譜上沒有指明重量，我們就可以自行換算了。

　　量杯和量匙計算出來的分量，包括了食材本身以及食材之間的空隙。乾燥食材的量杯通常是不透明的，這意味著食材得確實鋪滿杯子。液體的量杯通常是由透明的玻璃或塑膠製成，側面有刻度，因此要對準適當的刻度來取得相應的分量。

　　選用金屬製的量匙和量杯，這樣才夠堅固且不易磨損。

　　液體量杯最好選窄而高的，如此即便是微量的體積變化，也能明顯呈現在高度變化上。實驗用的量筒就很理想。

　　溫度計能測量食物的溫度，也可測量廚房用具與設備的溫度，分成數種。

　　‧即時顯示的溫度計上有著轉動的指針，其測溫原理是運用金屬受熱膨脹的特性，價格不貴，但是溫度顯示得慢，而且不是非常準確，需要經常校正以確保準確度。這種溫度計有烤箱專用的，能夠直接放在烤

箱中測量空氣溫度或是食物內部的溫度。

‧**數位溫度計**的探針尖端是電子溫度偵測器，價格不高，快又準確，偶爾校正就可以。烤箱專用型的偵測器和顯示器是分開的，中間以電線連接，所以偵測器可以放入烤箱，而顯示器放則在烤箱上。

‧**非接觸式溫度計（或稱傻瓜溫度計）**能夠偵測物體表面發出的紅外線。這種溫度計稍貴，但是反應非常快而且準確，偶爾校正就可以了。

‧**也有專門用來測量油鍋、糖果和巧克力的溫度計**，針對特定溫度範圍而設計，通常附有夾子，能夠夾在鍋子邊緣。這類溫度計很多是把注滿液體的玻璃管安裝在有刻度的金屬板上，要注意管子在金屬刻度板上不會上下滑動，以免影響溫度測量的準確度。

請選擇附有電子探針的數位溫度計，這樣才能測量食物內部以及熱水的溫度。此外要定期檢查是否準確，方法是測量冰塊水是否接近 0℃，而沸騰的水溫是否為 100℃（以海平面為準，海拔每升高 300 公尺，水的沸騰溫度就會下降 1℃。）

請選擇非接觸式溫度計，可用來測量烹飪器具和食物的表面溫度，例如烤箱內壁、加熱中的鍋子、披薩烤窯與炸油，當然也可以用來測量冰箱和冷凍庫中不同區域的溫度。這種溫度計不適合用來測量熱水溫度，因為水蒸發會使水的表面溫度大幅降低；也不適合用來測量有玻璃、金屬箔或不銹鋼的鍋子，因為測得的溫度會比實際溫度還低。要測量這種表面光滑發亮的容器溫度，可先滴一滴油在上面，然後把溫度計對準油，測量油溫。

計時器可以記錄烹調的時間。熱傳遞到食物需要時間，而烹調最常出現的錯誤則是煮過頭或是煮不夠久，原因通常只是廚師分心或者忘記了。

計時器可以提醒你別煮過頭，同時計算烹飪步驟的時間。

WORK SURFACES
流理檯

　　廚房中許多工作是在流理檯面和桌面完成的，這兩者是很重要的廚具，要禁得起長期使用，因此表面最好以薄板或是其他材料保護。

　　砧板的材料可以是各類木材、木製組合板或是塑膠。對於刀刃而言，木頭砧板要比塑膠砧板好，而最不適合的則是玻璃砧板。木頭和塑膠砧板只要好好清潔，都可以減少有害細菌的生長。

　　做菜時同時使用數個砧板，如此就不必一直清洗，可省下不少麻煩，更重要的是不會讓食材彼此污染。砧板要洗得乾淨可是很花時間的。

　　使用砧板時，下面墊一塊濕毛巾，如此可以防止砧板在切東西的時候滑動。

　　大面積的木板和石板也很有用，有時在烘焙麵包、製作糖果和巧克力時更是不可或缺。在揉麵團時，大片的木板好用又容易清理。薄而重的大理石或花崗石板表面堅硬，熱容量大，有助於麵團搓揉捏塑時保持低溫，也容易壓薄。石板也能讓熔化的巧克力和滾燙的糖漿慢慢冷卻，如此有助於廚師控制這些食材的結晶過程與質地。

　　桿麵布是一種硬挺而緻密的布，上面可以撒麵粉，且表面不易沾黏。可以在這種布面上擀麵團，也可把布鋪在籃子或碗中，讓麵團在裡面發酵。

KNIVES AND OTHER CUTTING TOOLS
刀子與其他切割工具

　　廚師準備食物時，經常需要把大塊的食物切小，例如把羊腿去骨，或是將乳酪刨絲。這時候，金屬器具鋒利的邊緣就成了最佳工具。

　　刀子的材質、形式與品質差異很大，在花大錢購買高價的刀子前，要多試幾把。一把大型的「主廚刀」、一把小型的削皮刀，和一個磨刀工具，就足以應付大部分的場合。鋸齒狀的刀子則適合切割脆弱的番茄、蛋糕和易碎的麵包皮。

　　刀子要選不銹鋼製的才容易保養。碳鋼製的刀子比較軟，容易磨利，但也容易變鈍與褪色，同時還會把金屬味帶入酸性水果。陶瓷刀易碎，且不容易磨利。

　　保持刀鋒鋒利。鈍的刀子無法漂亮切開食物，反而會擠壓食物而破壞質地，同時刀子也可能從食物上滑開而切傷手指。每次使用刀子前都先花一分鐘磨亮，每年還要磨利一、兩次。磨刀能讓刀口變得鋒利，這需要磨刀石或其他工具，也需要一些經驗，並花上一點時間。有些廚具店會提供磨刀服務。

　　拿刀時要小心，不要讓刀刃撞擊到其他用具、餐盤或是水槽。切東西時要使用砧板，不要直接在流理檯的石製或不銹鋼表面切割。用手洗刀子，洗好後馬上擦乾淨，然後放回刀鞘或刀架上，以免刀鋒受損。

　　廚房用剪刀也非常方便，可以剪各種食材而不需要用到砧板，能夠處理的範圍包括剪下香草葉子、肢解整隻雞、剪斷煮熟的葉菜類，以及剪開披薩。

　　日式刨具能快速將蔬菜和水果切成厚薄一致的薄片。使用時用塑膠罩或是毛巾壓住食物，以免刨到手指。

　　削皮刀上有個活動式的扁平刀刃，能在食物表面前後滑動，把蔬菜

水果的外皮削下。削皮刀不容易磨利但也不貴，可以多準備幾支。

　　半月形切碎刀（Mezzaluna）有一或兩個彎月形的刀刃，能夠在砧板上前後搖動，用來切碎香草和巧克力。這種彎曲的刀刃不容易保持鋒利。

　　刨絲器能夠把食物擦成絲狀、把粗的食物磨細。立式方盒形的刨絲器夠堅固，食物壓著擦絲時，刨絲器的表面也不會變形。較小的平板形刨絲器非常鋒利，能夠把食物削成極精細的絲。由於食物磨細之後很容易失去氣味，又容易相互黏結，因此通常都要到最後一刻才刨絲，尤其是乳酪和松露這類食材。

　　特殊用途的切割工具，例如刮絲刀，能將柑橘類的果皮刮下如紙片般輕薄的有色香氣皮層。此外還有蘋果去核器、瓜果挖球器、冰淇淋勺，專門用來切薯條、乳酪與白煮蛋的切片器，以及具有多刀鋒能穿透肉片而讓肉片變嫩的嫩肉器。

　　開罐器有鋒利的刀緣，可以切開罐頭的金屬蓋，但是很容易變鈍而無法使用，手邊最好多幾個備用。罐頭打開之後，要先檢查罐頭邊緣，並仔細移除金屬碎片，再把裡面的食物倒出來。開罐器每次使用之後，刀緣都要仔細清洗，以免滋生細菌而污染了下一個罐頭。

　　在廚房中要準備OK繃和消炎藥膏，廚師很常被各類刀具割傷。

HAND TOOLS FOR GRINDING, MIXING, AND SEPARATING
研磨、混合與分離的廚房用具

　　廚師還可運用一些簡單的工具來分解、混合或分離食物。

　　研砵和搗杵能夠搗碎食物。杵頭的面積有限，如果要製作蔬果泥，

就得費點功夫多搗幾次。

壓泥器的頂端是個多孔洞的金屬罩，只需一次下壓，就能把煮熟的馬鈴薯和其他軟的蔬菜塊壓成均勻的泥狀，蔬菜組織的破壞程度也能降到最低。

食物碾磨器可以同時壓碎並扯開軟的食物，只要用手轉動，金屬片便能夠把食物下壓，穿透有孔洞的金屬篩。食物的殘渣會掉入金屬中軸與篩子之間的空隙，因此使用時要檢查篩子下方，隨時移走灰色的殘渣。有些新式的食物碾磨器使用塑膠中軸，就不會有殘留物的問題。

手動式的咖啡磨豆機與香料研磨器能把種子磨成大小相同的顆粒，效果比標準的電動研磨器要好。雖然操作起來較花時間，但是比較容易控制。

柳丁榨汁器能擠出水果中的液態果汁，也能擠出果肉中的一些固態果粒。

過濾器、篩子、濾杓、撇油器、濾鍋等，能夠讓液體或是軟的食材通過孔洞，而讓固體食材留在金屬網、過濾布或是塑膠格網上方。如果孔洞較小，過濾出的液體會比較滑順，但也較花時間。塑膠製的濾鍋會讓液體流得比金屬濾鍋還快。

細濾布、濾紙或是金屬製的咖啡過濾器，都是孔隙特別小的過濾器，能夠讓乳酪和乳清分離，也可以拿來濾掉貝類湯汁中的沙粒，或是過濾浸泡過乾香菇的湯汁。超級市場販售的濾布孔隙多半太大，要對折或再對折之後才好用。在煮高湯或燉東西時，粗濾布可以用來包裹香草，這樣煮好之後便可輕易取出香草。

蔬菜脫水器可藉由離心力來甩乾菜葉上的水。這種器具快又好用，但有可能傷到幼嫩的菜葉。幼嫩的菜葉最好是以廚房紙巾輕輕拍乾。

打蛋器可以混合液態食材，也可把空氣打入鮮奶油和雞蛋，這在製作發泡鮮奶油、蛋白霜、舒芙蕾和沙巴雍時皆派得上用場。籠形打蛋器和環形打蛋器能夠加速空氣混入食材的速度。

虹吸式氣泡機是一種金屬罐，能將空氣打入鮮奶油、雞蛋和其他液體，讓食材呈泡沫狀。通常會把液態食材裝到罐子裡，再打入二氧化碳

或氧化亞氮。這些氣體會溶入液態食材，待食材經由噴口釋放而出，加壓的氣體便會膨脹而在食材中形成泡泡。這種氣泡機也可用來製作碳酸水甚至含有果粒的汽水。

噴霧器能把液體打散成非常小的水滴，如同霧狀，均勻而細微地散布在食物或是物體表面。要製作低濕度的酥皮麵團，可用噴霧器來灑水；也可用把油噴灑在烹飪器皿或麵團表面；還可將非常稀薄的沙拉醬噴灑在生菜上。清洗流理檯、砧板和水槽時，也可用噴霧器來噴灑漂白水或酸性清潔劑。

ELECTRIC GRINDERS, MIXERS, AND PROCESSORS
電動研磨機、攪拌機和食物處理機

　　廚房工具一裝上電動馬達，便能發揮強大的物理力量，可快速處理食物，大幅縮短費時的處理工作，但是這樣強大的力量也會傷害到食物本身。

　　香料研磨器和一般的咖啡研磨機具有旋轉金屬葉片，能將堅硬的種子削砍成顆粒，但這些顆粒大小並不均勻，除非研磨的時間夠長，讓所有顆粒變成粉末為止。

　　錐刀頭磨豆機，在研磨時便能同時進行篩選，磨出的顆粒大小比較均勻，還可以調整顆粒大小。

　　手持式電動攪拌機打發鮮奶油和雞蛋，速度會比手動打蛋器更快，不過上面附的金屬條較短，要把大量空氣打入食材時不盡理想。

　　直立式攪拌機用途廣泛，能快速混合、打泡與攪拌大量食材。攪拌機還能換裝不同刀片，用來絞肉和磨碎穀物，這在製作新鮮漢堡肉、香

腸、特殊風味的麵包和玉米粥時很好用。

直立式攪打機（果汁機）能把食材拉到刀鋒處，把食材切、削、混合成光滑細緻的蔬果泥或是乳狀物。倘若處理的是熱食就得特別小心，因為蒸氣可能會衝上來把蓋子頂開，導致食物四散飛出，遭殃的就是廚師和廚房。

攪打熱食的注意事項：食物只能裝到攪打機容量的一半以下，然後用毛巾輕輕蓋著蓋子上的孔，好讓蒸氣能夠逸出。開始時使用慢速，之後再逐漸增加轉速。

浸入式或是棒狀攪打機是在棒軸前端附上旋轉的攪打刀，能夠直接放入鍋子、大碗和量杯中攪打。這種攪打機的效率較低，而且得一直在鍋子中移動才能打碎所有食材。雖然無法打出光滑的蔬果泥，使用上卻方便很多。

食物處理機也有各式刀片，可以把食物切塊、切片、磨碎、磨成粉、磨成泥或是加以揉捏。這些刀片較寬，而且是以水平方向旋轉，所以效果不如攪打機。攪打機的刀片是稍微傾斜的，處理的食物體積也較小，因此食物能在刀片上下來回移動，接觸到刀片。食物處理機也打不出均勻而細緻的蔬果泥。

榨汁機則是把所有食物打成漿狀，然後以擠壓的方式把固態纖維和液體分開來。有些榨汁機能夠製作出非常細緻的堅果醬。

HANDLING TOOLS
手持工具

最靈活的食物處理工具其實是手。手指能徹底揉合食材，可以馬上感覺到食物的熟度、黏稠度和覆蓋範圍，還可以精確擺盤。想用手處理食物卻又不希望直接接觸到食物，可戴上用過即丟的薄手套，手套材質

有聚乙烯、乙烯基、丁睛膠、橡膠或乳膠。乳膠手套能讓雙手保持最敏銳的觸感，但也可能讓皮膚過敏。

廚房用毛巾、鍋墊、隔熱手套能夠隔絕手和熱鍋。布製的隔熱手套遇到火時可能著火，而沾到水時隔熱效果則會降低而可能讓手燙傷。矽膠（類似橡膠）鍋墊和手套不但防水，也比較不易著火。

選擇長把手的烹調操作用具，能讓手指遠離熱鍋、火爐和烤架。

放置個匙架或小盤子在爐面，用來擺放烹調過程中使用的操作用具，這樣可以減少清洗次數。

湯匙能用來攪動液體和小塊固體，也能舀一小匙來嘗味道或盛裝到他處，而長柄杓更適合用來舀出大塊食材。比起金屬湯匙，木頭、塑膠或矽膠材質的湯匙比較不會改變食物溫度，也比較不會燙到手，卻較容易殘留食物的味道而把味道轉移到其他菜餚上。

鏟子、鏟刀和刮刀，能撐托、刮除、攪拌、攤開、調入液狀和半液狀的食材。鏟子和鏟刀能把大面積的片狀固體食物鏟離鍋面。

使用這些器具時力道要輕。雖然廚師經常用鏟子來壓食物，好增加食物與鍋子的接觸面積，但一般而言，鏟子不會直接施力在食物上。塑膠鏟子不會刮傷不沾鍋，但是前端很容易磨損而變得粗糙，而且放在加熱中的鍋子裡很容易熔化。矽膠鍋鏟則可以耐受230℃的高溫。

叉子可以插入並移動食物，不過這個動作會破壞食物，不但留下看得到的洞，還會流失一點汁液。煮熟的魚這類細緻的食物如果用叉子，可能會讓魚肉散開。

夾子和筷子是藉由擠壓食物兩側來挾起固態食物，結構細緻的食物有可能因為這種壓力而散開，例如煮好的魚、烘焙好的酥皮或煮軟的蔬菜等。

鑷子、食物夾和尖嘴鉗等能夠夾起小型物體，適合用來仔細移動細緻的食材以及挑出魚的細刺。

串肉針、竹籤和牙籤有個容易拿取的把手，能把固體食物串在一起（例如雞腿、肉塊和蔬菜），還可用來刺入蛋糕和卡士達中以確認是否熟透。

刷子能在食物與器皿表面刷上一層薄薄的液體。由於食物的殘留物常會卡在甚至滲入刷毛中，若沒洗乾淨就會酸敗，因此每次使用之後，要以熱肥皂水用力搓揉刷毛，徹底洗淨並馬上晾乾。若是矽膠製的刷毛便能耐受高溫，可放入洗碗機中清洗。

漏斗能讓液體集中流入瓶子和其他窄口的容器中。無論是塑膠或金屬材質，最好用的漏斗是外側有條狀凸起，如此當液體注入容器時，氣體才容易逸出。

吸液管和移液管利用空氣吸力，把液體從窄小處吸起再移至他處，例如把烤盤中浮油下方的肉汁吸出，或是從醋桶中的醋醪下方把醋吸出。

肉汁或油脂分離器是中等大小的容器，底部側面有道開口。當你把烤盤中的汁液倒入靜置幾分鐘，油脂會上浮而肉汁會下沉，再從開口把液體倒出，油脂與肉汁就分離了。

FOILS, WRAPS, AND PAPERS
鋁箔、保鮮膜和紙

廚房用的鋁箔、保鮮膜和紙都是很薄的材料，能保護食物表面在儲存和烹調過程中免於受損。

廚房用的鋁箔是以鋁製成的，這種柔軟的金屬能夠緊貼著食物表面，隔絕食物與空氣，又能迅速導熱，同時耐受高溫。不過，烤架的極高溫會讓鋁箔變得脆弱而破損。

鋁箔最好用於能夠調溫的烤爐。鋁箔會反射輻射熱。在烘烤時，鋁箔稍微覆蓋在食物上即可，或是鋪在食物上下方的烤架上，以遮住直接從烤箱內壁發出的熱，讓熱空氣以比較溫和的方式持續加熱食物。

把鋁箔放在烤架或鍋子上方快速加溫，可將散逸出來的熱反射回去。在木炭烤架上鋪放鋁箔，當木炭達到最高溫時，沾黏在架子上的食物殘渣就會化成灰。在加熱的烤盤或是炒鍋上覆蓋著鋁箔，可讓溫度大幅上升。

不要用鋁箔包裹酸性食物或覆蓋在鋼鍋或鑄鐵鍋上，因為鋁接觸到酸或是其他非鋁金屬容器時會腐蝕，進而產生破洞，然後溶到食物中。預防的方式是用保鮮膜或蠟紙來隔開鋁箔和會造成腐蝕的東西。

保鮮膜和食物保鮮袋是石化工業產品，原料是聚乙烯（PE），通常含有其他微量物質，這些物質會溶入脂肪和油性食物中，有時會帶來怪味。保鮮膜和食物保鮮袋能夠耐受沸水的溫度，但是在烤箱中則會分解而產生有毒氣體。

保鮮膜服貼食物的程度更勝鋁箔，但是隔絕空氣與香氣的能力則不如鋁箔。冷凍專用的厚袋子阻絕空氣的效果比保鮮膜更佳。聚氯乙烯（PVC）和聚偏二氯乙烯（PVDC）隔絕氧氣的能力要比聚乙烯高，但對環境的傷害也較大。

軟木塞受黴菌侵害而導致葡萄酒走味時，若要降低軟木塞味，可將一小片保鮮膜放入葡萄酒中攪動，因為塑膠能吸走怪味。

真空塑膠袋或是可直接浸入沸水烹煮的塑膠袋，能夠耐受沸水的溫度，密度與強度也比一般塑膠袋高，能更有效阻絕空氣與氣味，在真空低溫烹調法（sous vide）時也很有用。

烘烤袋的原料是尼龍，能夠耐受烤箱中的溫度（約150~200℃）。這種袋子能封住食物及其氣味，同時又能傳遞烤箱中的微波與熱輻射。袋中食物褐變與脆化的速度較慢，這是由於袋子中充滿濕氣，烹調的溫度也較低。

烘焙紙是由植物纖維所製成，經硫酸與矽酮處理後變得硬挺，防水且耐受得住烤箱溫度，最高可達 230℃。烘焙紙可以襯在蛋糕烤模與一般烤盤上，也可以在燜煮時蓋住鍋子以減少水分蒸發，或是包住一份份食物來烘焙（烤紙包）。

食物用蠟紙是空隙中填滿石蠟的棉紙，因此不但能防水，中溫時還會如蠟燭般熔化。蠟紙能用來包裹食物，或是用來暫放會沾黏或出油的食物。

包肉紙則是有一層防水塑膠襯裡的紙張，用來包裹生肉或生魚。

牛皮紙能夠覆蓋廚具或食材表面，以免在從事切肉等容易弄髒周遭環境的工作時帶來污染。不過牛皮紙含有製造過程留下的一些殘餘物，因此不可以長時間接觸食物。以微波爐加熱爆米花等食物時，不要用牛皮紙袋盛裝。

MIXING CONTAINERS, STORAGE CONTAINERS, AND RACKS
攪拌容器、儲藏容器與架子

攪拌用或是工作用的大碗，通常是由玻璃、陶瓷、不銹鋼或塑膠製成的。

玻璃和陶瓷碗分量頗重，在流理檯上不會像其他材質的碗那麼容易滑動，不過卻是易碎材質。玻璃和陶瓷碗溫度升降的速度較慢。

不銹鋼碗重量輕、表面粗糙，導熱速度快。塑膠碗也是質輕表面粗糙，但導熱速度慢，表面也比陶瓷與金屬碗容易刮傷，同時會吸收食物的味道和顏色，也容易殘留油漬和肥皂。

工作時若要避免大碗滑動，可在流理檯和大碗之間墊一塊濕抹布。

儲藏用容器的材質通常是塑膠或玻璃。用途最廣的容器，能夠直接從冷藏室或冷凍室移入烤箱。塑膠容器會吸收熱食中的味道和顏色，同時也比玻璃容器難清洗。

隔熱的塑膠保冰桶是購物時的好幫手，能暫時冷藏海鮮、冰淇淋等

脆弱且容易在回家路途中腐敗的食物。

網架是由鐵線或金屬條製成的扁平狀器具，上面能放置容器和食物，下方則讓空氣得以流通，因此食物放在網架上，要比放在沒有空隙的烤盤或是流理檯面更能均勻散熱。剛烤好或是炸好的食物放在架子上，能讓食物內部的水氣消散，食物表面就不會受潮而變得軟爛了。

POTS AND PANS
各式鍋子

鍋子是食物加熱時使用的容器，有各種不同的形式和材質。

你可以嘗試各種大小與形狀，以找出適合你的鍋子，方便你進行烹調。深的鍋子適合拿來沸煮或蒸煮，廣口的鍋子適合用來濃縮液體，直柄平底鍋適合燜煮，斜柄平底鍋適合煎炒，無邊的燒烤盤適合需要翻面的食物，半圓形的中式炒鍋適合翻炒，扁的烤盤適合烘焙。

平底鍋的大小對烹飪過程也有重大影響。如果平底鍋太小，食材就會受熱太慢或是不平均，做出來的菜會沒那麼好吃。如果鍋子太大，沒有食材覆蓋的地方就會燒焦而破壞菜餚風味。

不要使用有木頭或塑膠把手的金屬平底鍋，因為這種平底鍋無法耐受烤箱的高溫。有些肉類、魚類和穀物的菜餚最好是先在爐子上煮，再連鍋帶料放入烤箱繼續烹調。

均熱板能夠讓爐火均勻分散、調和溫度，是置於爐火和鍋子之間的用具。

鍋蓋能控制鍋中的熱度和食物蒸氣的散逸程度。

有孔的擋油蓋可以擋住油炸時噴濺起來的油，同時讓水蒸氣冒出，這樣可以使鍋子保持高溫。

烹調時，食物很容易沾黏在鍋子上，這是因為高溫會使食物中的蛋

白質和澱粉與鍋子表面產生鍵結。

有時食物沾鍋是好事，因為這些風味十足的焦香物質就能用來製成醬汁。

有時食物沾鍋並非好事，因為鏟起時會破壞食物結構或賣相。這種情況通常是發生在質地細緻的蛋類或魚類。

要減少沾鍋，可用表面有條紋、漣漪或是不規則起伏的煎鍋，以減少食物與煎鍋直接接觸的面積。不過這類鍋子也會減少褐變的面積以及焦香的程度。

不沾鍋的表面鍍上一層塑膠或複合材料，不會與食物形成鍵結。不過這種材質不如金屬或陶瓷那麼耐用，在高溫與刮磨之下會逐漸損壞，最後失去不沾黏食物的特性，不沾鍋塗層甚至還會剝落而混入食物中。

矽膠是類似橡膠的材料，可製成具有彈性、不沾黏、食物容易取下的烤盤和烤盤襯裡。

要仔細閱讀鍋子的說明書，了解溫度的使用上限。溫度超過260℃，鐵氟龍之類的氟碳塗層會分解而釋出有毒氣體。矽膠在同樣的溫度下也會分解，不過不會產生有毒氣體。較新的陶瓷–矽膠混合材質表面能夠承受430℃的高溫。

使用不沾鍋或是有不沾塗層的器具時，動作要輕柔且謹慎，不要讓鍋子空燒或用來高溫燒炙。倘若料理過程需要讓鍋子熱到冒煙，就不要使用不沾鍋。烹煮時避免使用邊緣尖銳的金屬鍋鏟，清洗時不要使用具腐蝕性的清潔劑。

▌陶瓷鍋

陶器、石器和玻璃器皿都屬於易碎的陶瓷材質，導熱效率差、速度慢，這意味著這些器皿能夠均勻加熱。一旦直接放在爐火上，或是從烤箱拿出後馬上放到冷水中，就會破裂。這種鍋子加熱之後，會把熱均勻而緩慢地傳遞到食物中。陶瓷材質的表面通常不會讓食物的顏色與風味產生變化。

玻璃器皿在烤箱中傳熱給食物的速度要比不透明的陶瓷器皿快，因

為玻璃除了導熱，也能透光。

手工製的鍋子要測試是否會釋放鉛。鉛會導致嚴重的疾病，而有些傳統黏土與釉料是含鉛的。

以烤箱烘烤或燜煮時可使用陶瓷鍋，讓食物均勻受熱；以陶瓷鍋盛裝熱食則可保持菜餚溫度；也能放入冰箱並再度加熱。

以陶瓷鍋烹煮時，爐火要小。可使用金屬均熱板讓爐火溫度均勻分散在鍋子底部。某些新的陶瓷平底鍋能夠直接耐受爐火而不會碎裂，但是大部分都不行。

未上釉的烘焙石板可烘烤出形狀自然的麵包和披薩。石板導熱均勻，而且會吸收麵團的濕氣，可使麵團底部更快變得酥脆。上釉的烘焙石板導熱也均勻，但無法吸收濕氣。

鐘形鍋是烘焙石板再加上鐘形蓋子，可在烤箱中自成另一個烤箱，以罩住麵團的蒸氣。這樣烤出來的麵包內部更為鬆軟，外皮則更加光滑酥脆。

▌金屬鍋

金屬材料很耐用，導熱速度也比陶瓷快，但是會影響食物的風味和顏色。

鋁的材質輕盈、導熱快，因此鋁鍋能勝任大部分的烹調工作。鋁的表面會和酸性或含硫的食物起反應，進而產生怪味並改變食物顏色。鋁經陽極化處理後，可形成類似陶瓷的氧化鋁表層，較不易與食物起反應。

銅鍋很重，導熱極快，非常適合用來快速而均勻地加熱食物。但是銅一旦接觸到空氣，表面便會失去光澤，同時也會把銅釋放到酸性食物中，而飲食中若含有過量的銅，便可能導致中毒。傳統銅鍋會鍍一層錫，不過這層錫既脆弱又不容易更換。現在的銅製烹飪器具大多鍍了一層不銹鋼，價格昂貴。

鑄鐵鍋很重，導熱速度較慢，不過這兩個特性相加，使得鑄鐵鍋在烹調過程中具有絕佳保溫效果。鑄鐵表面容易生銹，使食物有怪味，因

此有的會加上一層琺瑯漆（一種陶瓷材料），或是加以保養處理，讓表面塗覆一層樹脂般的保護層。現在市售的鑄鐵器皿有些是表面已經過保養處理的。

　　保養鑄鐵鍋的方式是清洗後完全擦乾，接著在鍋子表面塗上一層薄薄的烹調用油，再放入烤箱用中溫加熱數小時，然後擦掉多出來的油。鍋子使用之後，盡量擦拭乾淨，並用最少量的水和清潔劑清洗，刷掉殘餘物，完全晾乾後再抹上少許油。

　　碳鋼是比較柔軟的鑄鐵，因此可以打造得比較薄。這種材質導熱較慢、容易生銹，但是價格不高，因此適合用來製成炒鍋。碳鋼鍋的保養和清潔方式同鑄鐵鍋。

　　不銹鋼導熱也慢，但是表面不會變色，也不會發出怪味，通常會結合其他金屬來製成鍋子，好讓加熱更均勻。

　　複合材質的鍋子，是結合兩種以上的材料所製成，其中一種材料導熱度高，而塗覆在鍋子表面的則是不易與食物起反應的材料。這種鍋子大部分是以鋁或銅為主體，然後鍍上一層不銹鋼。

　　挑選複合材質的鍋子時要注意，導熱材料要延伸到鍋子周圍。如果只局限在底部，食物便會沾黏在鍋子周圍而產生焦痕。

Heat is the essential but invisible ingredient in cooking

CHAPTER 4

HEAT AND HEATING APPLIANCES

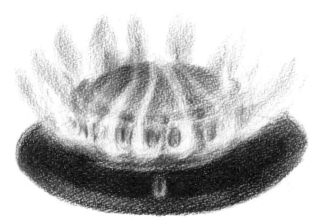

熱與加熱器具

在烹調過程中,「熱」是無形無影
卻又不可或缺的要素。

在烹調過程中，熱是無形無影卻又不可或缺的要素，無法用湯匙來計量，也無法以秤來測度。有了熱，我們才能把生的食物轉變成安全、營養又好吃的菜餚。熱是一種持續流動的能量形式，即便我們不斷輸入，熱還是會持續從食物流出。

烹調時，將適量的熱注入食物是很重要的。如果熱能不夠，便無法改變食物；但要是熱能太多，又會使食物凝結、乾澀、老掉或燒焦。正確加熱食物需要技巧。我們用來加熱食物的設備所顯示的溫度通常都不精確，有時甚至與實際加熱的過程毫不相干。

我以前常被燙傷，都是因為糟糕的食譜或是自己糟糕的想法。幾年前我受夠了，添購了一些可靠的輔助配備：一支可即時測量食物內部溫度的電子溫度計，還有一支可偵測食物與廚具表面溫度的多點自動紅外線溫度計。我仔細勘查了流理檯、烤箱和鍋子，然後順應著熱流方向來烹調。

我學到許多令人驚訝的事實，更懂得如何有效利用熱能。低功率的電爐和電磁爐加熱食物的速度比高功率的瓦斯爐更快，因為能量大多進了鍋子，而非散佚到廚房空氣。食物就算是放入中溫的烤箱也會燒焦，因為烤箱的加熱元件會先加熱最鄰近的區域，然後才循環到烤箱其他地方以維持一定溫度。

燉鍋放在低溫烤箱中可能慢慢燉煮，也可能激烈沸騰。倘若鍋蓋有留一些空隙讓蒸氣冒出，便可讓裡面的食物降溫；若是緊蓋，烤箱的熱度便會累積在鍋內。

試著以不同方式烹煮食物，以探索各種溫度的變化。你將會更了解熱的運作方式，也更曉得如何控制熱。你會透過自己的眼睛、鼻子和指尖而習得，而不是單靠書上文字。

HEAT AND TEMPERATURE
熱與溫度

全世界的變化都由能量驅動。

熱是一種可以進出食物、具有穿透力的能量。熱能振動分子、破壞與重建分子結構。當煮好的食物變涼,讓食物變化的能量也散失了,但是食物已經改變,無法回復原狀。

溫度可顯示物質中含有多少熱能,不論是食物、炒鍋還是瓦斯爐火。烤箱、爐具或是鍋子裡水的溫度越高,提供給食物的能量就越多,食物變化的程度也就越大。

我們以溫度計測量溫度,分成華氏溫標(℉)和攝氏溫標(℃),1℃ 等於 1.8℉。水的結冰點是 0℃、32℉。沸點是 100℃、212℉(以海平面為準,每升高 300 公尺,沸點會降低約 1℃ 或 2℉)。

水的沸點是肉眼可見的溫度指標,不需溫度計就可以看得出來。水在沸騰時,會冒出充滿蒸氣的泡泡。只要水還持續冒泡,水溫就會維持不變,因為蒸氣會帶走爐火所輸入的能量。

廚師大多在三種溫度範圍中進行烹調。

· **低於水沸點的溫度(55~70℃ 之間)**,這個溫度已足以殺死大部分微生物,並且讓結構脆弱的蛋類、肉類和魚類變得堅實,又不會變乾變硬。

· **水沸點附近的溫度(100℃ 左右)**,這樣的溫度能提供足夠的能量,可以殺死大部分微生物、讓蔬菜軟化,並固定麵團與麵糊的形狀。但是蛋類、肉類和魚類在這個溫度下會變乾變硬。

· **高出水沸點許多的溫度(150℃ 以上)**,食物表面會變得酥脆焦黃,富含風味。

烹調肉、魚、蛋以及製作巧克力和糖果時,精準的溫度非常重要,差個 1~2℃度就會對食物產生重大影響。

在本書中，如果溫度不需要特別精準，有時會容許兩三度的溫差範圍，只要好記就好。差 1℃ 就會差很多的情況，則會精確標示出溫度。

HOW HEAT MOVES IN COOKING
烹調時熱會如何移動

熱能是從溫度高的地方流動到溫度低的地方，進入食物的方式主要有兩種：

直接傳導熱是食物接觸到熱的表面，或是熱水、熱油、熱蒸氣或熱空氣，而直接接收熱能。和其他物質相比，空氣的密度較低，加熱食物的速度也較慢。我們可以把手放進熱烤箱中好幾秒鐘，但完全無法浸入熱水或熱油。

紅外輻射是在一段距離外由看不到的紅外線把熱能傳送給食物。把手放在熱炒鍋上方，或是坐在陽光下，就會感受到這種熱。所有的物體，即使是冷的，也都會釋放些許熱能。一個物體如果夠熱，就會發出可見光，比其他東西輻射出更多熱能，例如太陽、火焰、煤炭、電器元件等。

我們有時會同時藉由直接傳導熱和輻射熱來烹調食物，例如在烤箱中，加熱元件和內壁的輻射熱，可能比烤箱熱空氣所傳導的還多。

熱會從食物表面傳到內部，將食物煮熟。所有加熱器具都是從食物表面開始加熱，再把熱往裡面傳。微波爐除外。

食物表面的受熱速度，通常會比表面把熱傳導到內部的速度快，所以牛排若以 1650℃ 的木炭加熱，表面溫度會高達 260℃ 而變得焦黃香脆，內部則只有 55℃ 而仍很鮮嫩多汁。

若食物表面的受熱速度等同於往內傳導的速度，食物就能均勻煮熟。方法是用慢火烹調。

倘若鍋子和食物的溫度高於周遭溫度，熱就會散失。在爐火上方的鍋子，會比鍋子上方的空氣還熱，因此鍋子從爐火吸收的熱有一部分會散佚。

　　倘若食物和液體在烹調時蒸發出水氣，熱也會散失。食物或液體會因為蒸發帶走了熱能而降溫。烤肉時維持一定水氣，或是在烤箱中以隔水加熱，如此烹調溫度便可比周圍的熱空氣還低。

HEAT FROM KITCHEN APPLIANCES
來自廚房設備的熱

　　廚房中的爐子和烤箱，會透過數種方式提供熱能。

　　瓦斯爐火所輻射出的熱，來自於天然氣分子和氧氣作用而形成二氧化碳和水的過程。爐火的燃燒溫度約為 1650℃。

　　電爐所產生的傳導和輻射熱，來自於電流驅動的電子移動。這類設備的溫度約為 1100℃。

　　鹵素燈是某種特殊燈泡，燈絲在電流通過時會輻射出熱能。比起一般燈泡，鹵素燈泡中的鹵素氣體能讓燈絲更高溫也更持久。鹵素燈泡發出的熱約為 540℃。

　　電磁爐能發出感應磁場，驅使爐子上方金屬製器皿中的電子移動而產生熱。

　　微波爐加熱食物的方式是發射出無線電波，直接把能量傳遞給食物分子。

　　熱功率的單位是「英熱」（BTU）或是瓦特。瓦斯的熱功率單位為BTU，電器則為「瓦特－小時」，通常簡寫成瓦。一千瓦相當於3400BTU。一般家用電爐放出的熱能大約為 3000~5000BTU，瓦斯爐

則為 9000~1萬5000BTU，商用的高功率火爐可高達 3 萬 5000BTU。

勿以額定功率判斷爐具和烤箱的加熱性能。

低功率的電爐具加熱食物的速度通常比較高功率的瓦斯爐快，因為前者加熱效率較高。電爐具所產生的熱能大都進入食物，較少散佚到空氣中。

恆溫器這種電子儀器能為烤箱等廚房設備設定溫度，並且維持特定溫度。

定期以溫度計測試加熱設備的恆溫器是否精準。標出幾個恆溫器實際的溫度，然後烹調時依此調整。

STOVE-TOP BURNERS
爐子

大部分的爐子是同時以直接接觸熱和輻射熱來加熱鍋子。

火爐很耗能，瓦斯火焰的能量有一半以上從鍋子周圍散佚，加熱的反而是廚房。電爐具約浪費1/3的能量。目前效能最高的是電磁爐，只會浪費1/5的能量。

鍋子加熱時蓋上蓋子，加熱會更快更有效率，鍋子中的溫度也會提高，因為鍋子從爐子接受到的熱不會立即散佚到廚房的空氣。

瓦斯爐最易調整火力，而且用眼睛就能判斷調整的程度。

電爐（以開放的金屬線圈或隱蔽的鹵素燈加熱），是以控制鈕來改變輸出能量。溫度變化的反應較慢，通常也無法由肉眼看出，只能以控制鈕的位置來判斷。

要讓電爐上的鍋子立即降溫，直接移走鍋子最快。

電磁爐能夠立即改變輸出的熱，但唯一可見的指標是控制鈕。使用

電磁爐加熱時，鍋子底部必須含有能感應磁力的鋼或是鐵。如果是鋁鍋或銅鍋，在鍋子下方墊一塊鐵製的圓板就可以了。

HOT-AIR OVENS
烤箱

廚房烤箱都是先加熱內部的金屬箱，再加熱放在裡面的食物。

一般烤箱是以底部的瓦斯爐火或電子加熱元件來加熱烤箱內壁和空氣。這些加熱元件和烤箱內壁會把熱輻射到空氣與食物上，讓熱空氣直接與食物接觸來加熱。

要以烤箱烹調得很有技巧，因為烤箱內部的真實溫度常與你所設定的溫度不符。平底鍋連同食物放入烤箱後，食物從空氣、烤箱內壁和加熱元件得到的熱並不均等，尤其加熱元件會反覆開閉，因此即使是中溫依然可能烤焦食物。

花點時間了解烤箱的特性。所有烤箱都無法均勻加熱，總有些地方比較高溫，有些地方比較低溫。你可以用非接觸式溫度計檢查幾個角落，然後用烤箱用電子溫度計測量電子加熱元件開啟和關閉時烤箱內部的溫度變化。

瓦斯烤箱有開口，能釋放出爐火所產生的水蒸氣與二氧化碳，同時讓烹煮時產生的水氣得以散逸，使食物表面維持乾燥並產生焦香。

電烤箱不是以瓦斯來加熱，密封的程度也比瓦斯烤箱高，能更有效保持水氣。這對烘烤麵包而言是優點，並可加快烹調速度。

對流式烤箱是內部加裝風扇的瓦斯或電烤箱，能夠促使烤箱中的熱空氣流動。空氣流動能使烤箱內部的熱分布得更平均，並增加熱空氣與食物的接觸，進而加速食物的烹調速度。

炙烤箱有電子式和瓦斯式，加熱源位於食物正上方十多公分。炙烤箱具有多種熱能輸出功率和烹調速度。

MICROWAVE OVENS
微波爐

微波爐以無線電波加熱食物，食物吸收了無線電波之後，會將之轉變成熱能。微波並不是食物所發出的光或輻射，微波爐也不是從食物內部往外加熱。

微波能夠穿過非金屬容器，進入食物內部約 2.5 公分處。一般藉由接觸或輻射的加熱方式，是先加熱容器，然後是食物表面，最後熱才慢慢傳導到食物內部。

微波爐的加熱速度比其他加熱設備更快也更有效率，因為無線電波的能量能夠穿透空氣與容器，讓食物直接吸收。

微波爐通常沒有直接和精確的控熱裝置，輸出功率大多是固定的。廚師只能設定微波爐運作的時刻與時間長度。較新型的微波爐能夠調整輸出功率，因此可以加熱得更慢、更溫和。

食物分量對微波爐烹調的影響更甚一般烹調過程。如果食物的分量大，那麼微波爐就要用更多時間才能將食物煮熟。因為微波爐輸出的能量是固定的，較多食物就需要較長的時間。

多功能混合式烤爐結合了電子加熱元件、循環風扇和微波爐，能夠快速煮熟大塊食物。有些含有內建的加熱程式，能夠為不同類型的食物尋找最佳烹調方式。

COUNTERTOP APPLIANCES
流理檯上的小型加熱設備

小型的加熱設備能更有效提供熱能，也不需要像爐子或烤箱那樣要經常顧著。

電熱壺燒水的速度和效率比所有爐子都快，而且水沸騰之後就會自動斷電。

電火鍋和電烤盤皆設有恆溫裝置，能夠設定並且維持在固定的烹煮溫度。

壓力鍋的蓋子能夠緊閉不讓蒸氣外洩，並累積鍋內壓力。壓力鍋的溫度可達 120℃，遠高出一般爐子燒水的沸點，能使食物特別快熟。有的壓力鍋直接插電就可以放在流理檯上使用，有的則需要放到爐子上加熱。

桌上型的小烤箱都是使用電力，可迅速加熱少量食物。不過這種烤箱的電子加熱元件往往距離食物很近，而且溫度非常高，因此即使設定在低溫狀態也常把食物烤焦。

燉鍋以略低於水沸點的溫度來加熱和保溫食物，因此可以放著讓燉鍋自行燉煮好幾個小時。

選擇能夠調整溫度的燉鍋，這樣燜燉出來的食物才會多汁。只有高溫和低溫兩種固定模式的燉鍋常會把肉煮老。

電鍋是以水的沸騰溫度來熬煮米和其他乾燥穀物，待穀物吸乾了水分，再降低溫度進入保溫狀態。電鍋可靠又方便，也能用來烹煮粥品和其他細緻的穀類食品。

浸入式循環加熱器結合了恆溫器、加熱器和打水的幫浦。可放入鍋子或水盆，或是其他低溫慢煮的容器中，維持固定水溫，以精確的溫度來加熱食物。

水波爐是廚房用的隔水加熱設備，裡面裝滿了水，可以設定溫度。將食物放在塑膠袋裡，完全浸入水中之後會慢慢地受熱煮熟。水波爐就

如同浸入式循環加熱器，能夠以較低溫度加熱肉、魚和蛋類，而得到精確的熟度。然而水波爐並沒有辦法讓水循環流動，加熱效果不如浸入式循環加熱器那般精確與快速。

油炸鍋能把油溫加熱到水的沸點以上，把食物炸得焦黃。一般的鍋子也可以用來油炸，只不過油炸鍋能讓炸油維持在固定溫度，而且有濾油和集油的濾網和容器。

選擇高功率的油炸鍋，如此當冰冷的食物一下鍋或是補充冷的炸油進去時，油鍋才能迅速回溫。食物越快炸熟，吸入的油就越少。

室內烤架有的是把食物放置在金屬條上直接加熱，有的是懸空掛在電子加熱元件上方間接加熱。

雙面煎烤鍋是以兩片加熱板夾緊食物，因此食物的加熱速度會比一般煎鍋快一倍。

食物乾燥機能設定在低於烤箱最低溫的溫度，如此可以除去食物的水分，又不會把食物煮熟。

瓦斯噴槍是以高溫火焰迅速把肉類、魚類以及法式烤布蕾之類的甜點表面烤成焦黃，也能迅速點燃木炭。使用瓦斯噴槍要謹慎，以免讓食物燒焦並在食物表面留下難聞的瓦斯氣味。

可在五金行找到平價的瓦斯噴槍組，裡面要有讓火焰散開的外加噴頭，以擴大火焰覆蓋食物的面積。

吹風機和熱風槍能吹乾食物表面，並讓糖雕保持溫度。

OUTDOOR GRILLS AND SMOKERS
戶外烤架與燻烤爐

　　戶外烤架主要以燃燒木炭或是天然氣為熱源，電烤架則以發熱的金屬元件來加熱。有蓋烤架的控溫效果比無蓋的木炭盆式烤架好。

　　買烤架時，要確認燒烤區域夠大，能同時容下快速燒烤和慢慢烘烤的食物。這樣某些肉品才能放到一邊，遠離木炭和火焰的高溫輻射熱。

　　選擇蓋子上有大型指針式溫度計的烤架，這樣你馬上就能看到內部燒烤的溫度。

　　木炭烤架能讓食物表面在幾秒鐘內就烤成焦黃色並產生濃郁風味，也可以緩慢而溫和地讓木炭和木材特有的煙燻味滲入食物。如果烤架沒有蓋子，便是直接讓木炭以熱輻射加熱食物；如果有蓋子，就是同時以熱輻射和熱空氣來烤熟食物。

　　瓦斯烤架以無香氣的瓦斯爐火加熱空氣、金屬或陶瓷表面，這些容器再以熱輻射來加熱食物。瓦斯烤架無法達到木炭烤架的高溫，而且需要添加木片或是燃燒食物滴落的汁才能產生獨特香氣。

　　電烤架是以發熱的金屬棒來烤，無法產生木炭般的高溫與香氣。

　　旋轉燒烤爐有可以自動轉動的鐵叉，能夠叉住大塊肉。這種烤爐有兩個優點：烤出來的汁液不會滴落，而是沿著食物流下沾附在食物表面；能讓肉品表面短暫接觸高溫而產生焦黃，又能長時間低溫烘烤，慢慢把整塊肉烤熟。

　　燻烤爐能以熱煙緩慢而溫和地把食物烤熟。煙能遮蔽直接來自於木炭或加熱元件的高溫。

　　土耳其炸鍋是攜帶式的高溫瓦斯爐，可以在室外使用，上面適合放置需要高溫烹調的炒鍋，也適合用來從事會產生難聞氣體與油濺的油炸工作。

Cook with right methods, and you'll get better results

CHAPTER 5

COOKING METHODS

烹調方式

食物在烹調過程中發生什麼變化？
烹調方式又該如何調整改進？

烹調的方式千變萬化，不論你煮的是蛋、牛排還是馬鈴薯，都有數不清的變化方式。食譜通常會指定某種烹調方式，卻沒有詳述細節。例如「熬煮 10 分鐘」、「燒烤 5 分鐘，然後翻面再烤 4 分鐘」、「用400 度烤到熟為止」。

我們可以跟著食譜照本宣科，成功煮出雞蛋或馬鈴薯，但過程發生了什麼事，我們卻茫然無知，更不知如何調整和改進。所謂熬煮溫度是多少？或是溫度並不重要？如果我手上的牛排厚度比食譜上的稍薄，該如何應變？如何讓烤出的馬鈴薯擁有酥脆的外皮，而不會硬得像牛皮？

三十多年來，我一直在追問這類問題，即便是現在，我只要一踏進廚房依舊會迸出許多問題。本章所納入的資訊與答案還稱不上完備，但一般而言都夠用。我希望本章的內容能激勵你進一步探究，這些入口的食物在烹調過程中發生什麼變化，進而了解烹調過程中每一道步驟的意義，發展出更好吃的煮法。

本章內容會說明熬煮（simmer）、燒烤（grill）、烘焙（bake）和其他加熱食物的基本方法。我會概要陳述這些烹調方式如何使熱能傳遞到食物中，並發揮效果，還有這些方式的強項和弱點，以及將這些烹調方式發揮到極致的要訣。隨後各章將會直接應用到本章各節的內容，或是以本章內容為基礎，進一步詳述調理特定食物時所需的指引。

MEASURING
計量

所有烹調工作都始於食材與溫度的計量，即便是目視和觸摸也算在內。有時計量無需十分精確，有時卻得錙銖必較。多放或少放了幾滴水，對燉菜來說沒什麼差別，對酥皮麵團卻事關重大。

準備一套好用的計量用具：計量重量的電子秤、計量體積的杯子和湯匙，以及計量食物內部、表面與器皿表面溫度的數位溫度計和非接觸式溫度計。

熟悉公制的計量單位，這比杯、匙、盎司的系統好用多了，而且更精確。本書前後皆附有單位轉換表。

計量食材時，盡量以重量而非體積為單位。重量最能直接表現食材的多寡，不論食材的顆粒是粗是細、包裝是鬆散是緊密。體積則是把食材所占據的空間也一併納入計量，包括顆粒之間的空隙，因此偏差有可能很大。

重新擬定你喜歡的食譜，把單位換算成更為方便可靠的公制重量單位。

用體積計量時，把量杯拿到眼睛的高度，讓杯中食材的高度和眼睛維持在同一平面，以正確讀取刻度。食譜中有關計量的部分要再次檢查，例如使用的是密度較高的顆粒鹽或是較低的片鹽？麵粉或細砂糖是否要過篩？

測量溫度時，溫度計要放在適當位置，直到讀數穩定。即時顯示的溫度計需 20 秒以上才能讀出正確溫度，而且探針最下端 2.5 公分的部分都得直接接觸到食物。

非接觸式溫度計在使用上雖然方便，限制也很大。這種溫度計距離被測物體不能超過 10 公分，且需仔細瞄準。此外，在測量液體、發亮的玻璃與金屬容器時，溫度會比實際上來得低，因為蒸發作用會降低液

體表面的溫度，而玻璃與金屬容器表面所發出的熱輻射，會比表面經塗布處理的容器還少。

　　鍋子若是光亮平滑的表面，測量溫度時可在鍋心與鍋緣之間滴上一滴油，以溫度計對準油滴測量油溫，並前後來回多測量幾個位置，然後選取溫度最高的數據。一定要等到鍋子的溫度到達適合烹調的溫度，才把油倒入鍋子中。

SERVING FOODS RAW
生食上桌的注意事項

　　生食會凸顯食材本身的風味，且風味通常比烹煮過的更加細緻更清淡。生菜的質地比煮過的更清脆，生肉和生魚的口感則比熟食更結實而耐嚼。肉類和魚類一經烹煮到流出汁液，就會不如生食那麼多汁柔軟。

　　生食不見得比熟食營養。沒有確切證據顯示食物保存在 48℃ 以下（一般咸認這個溫度最能「保存酵素」）會對健康比較有益。熟食通常更容易消化，養分也更容易吸收。

　　端上餐桌的生食，必須處於最新鮮乾淨的狀態。生食未以加熱殺死微生物，因此食用時的安全程度不會比準備及處理該食材時更高。在溫暖的溫度下進行處理與保存容易滋生微生物，增加食物中毒的風險。你必須知道食材的來源，仔細清洗，處理過程越精簡越好，且在上菜之前都保持冰涼。

MOIST AND DRY HEATING METHODS
濕與乾的加熱方式

　　加熱食物的方式有許多種，主要可劃分成兩大類，產生的效果各不同。

　　濕熱法以熱水或蒸氣加熱食物，舉凡沸煮、燜、中溫水煮、蒸、用壓力鍋烹煮等，都屬於濕熱法，溫度最高只到水的沸點 100℃（海平面），使用壓力鍋可提高到 120℃。

　　乾熱法以空氣、油或金屬直接加熱，或是以火焰、木炭或金屬表面的輻射熱加熱食物。烘焙、油炸、燒烤都屬於乾熱法，其加熱溫度會高過水的沸點，通常會到達 200℃ 以上。

　　乾熱法能使食物表面乾燥，變得酥脆焦黃。 乾燥和高溫能促使食物中的蛋白質與糖類彼此反應，產生褐色色素與獨特的濃郁風味。

　　濕熱法通常不會產生上述褐變反應，也不會產生濃郁的風味。

　　以濕熱法煮出來的食物也未必就濕潤多汁。 事實上，讓肉類、魚類和蛋類最快變乾的烹調方式，就是水煮。

　　食物保持濕潤柔軟的關鍵就是溫度控制， 不論哪一種烹調方式都是如此。

HEATING IN WATER: BOILING, BRAISING, POACHING, WATERBATHS, LOW TEMPERATURE COOKING, AND SOUS VIDE COOKING
以水加熱：沸煮、燜、中溫水煮、隔水加熱，低溫烹調，以及真空烹調法

　　用熱水來烹煮食物，既簡單，方法又多，而且快速。水能儲存許多熱量，傳熱給食物的速度也比油、蒸氣或熱空氣更快。蔬菜、穀物、麵條和蝦子等小型有殼海產，常是在含鹽的清水中沸煮。中溫水煮和燜煮的烹調溫度較低，通常是以高湯、肉汁或其他富含風味的液體為煮液，適合處理蛋、魚和肉。

　　端整鍋熱水時要緩慢且小心。熱水在一秒內就會造成燙傷，倒入水槽時產生的蒸氣也能把人燙傷。

　　使用鍋蓋可以節省水煮的時間與能量，也易於控制溫度。水表面的蒸發作用會讓水溫降低，因此加上蓋子避免蒸發，煮沸所需的時間就可以節省一半。用烤箱燜煮食物時，為了避免沸騰，加蓋時留一點空隙讓水分蒸發，或是以烘焙紙覆蓋。

　　水的沸點很容易辨認，而且容易保持，是最方便的烹調溫度。清水沸騰（冒泡泡）的時候就是100℃（以海平面為準），而且在大火或高溫的烤箱中也不會繼續升高。

　　加入食材，待水再度沸騰之後，馬上把火關小並把蓋子稍微打開。大滾的水並不會比小滾的水高溫，只是更會冒泡而已。把蓋子稍微打開降溫，有助於減少泡泡。

　　滾水能立即殺死食物表面幾乎全部的微生物，讓食物能夠安全食用。

　　殺菁法 、濾煮法和汆燙等手法，都是讓食物短暫地接觸到滾水或接近沸騰的水，除了能清潔食物表面，也讓食物略為煮過。之後再進行後續的烹調步驟。

　　直接用滾水煮蔬菜時，在水中加鹽，大致上能減少蔬菜的風味與營

養成分流失到水中。這麼一點鹽還不致於提高水的沸點而拉長烹調時間。如果烹煮的是穀物或麵食，鹽要少加一點，因為這些食材比蔬菜更會吸收鹽分。

肉、魚、蛋和大塊蔬菜，通常都要避免以滾水沸煮。因為等這些食材內部煮熟時，外部已經煮過頭了。

熬煮、中溫水煮和燜的定義比較模糊，通常指溫度都在沸點以下的烹調方式，最低可到 55℃。

這些方法通常用來處理對溫度敏感的肉類、魚類和蛋，因為這些食物在沸點時會變硬變乾。水溫控制對於食物質地的影響至關重要，但溫度很難用眼睛直接辨識。熬煮的溫度通常只比沸點稍低，水偶爾會冒泡。中溫水煮的水溫較高，但完全不會冒泡。燜煮通常意味著蓋上鍋蓋，肉只有部分浸在煮液中，這些煮液也是隨後搭配肉的醬汁。

以熬煮、中溫水煮和燜煮來烹調食物時，必須用溫度計測量溫度，若有需要就立即調整。鍋底附近的溫度可能比鍋子上方的溫度高出許多，這種情況尤其容易發生在煮液濃稠時。通常低溫的烤箱比火爐更能提供持續而均勻的熱能。

不要以為遵循燜煮食譜或是使用燉鍋等緩慢加溫的設備，就能以理想的溫度來燜煮肉類。大部分廚師在燜肉時，都會因為溫度太接近沸點而使肉變得乾澀。改善燜肉的方式請參見第 244 頁。

隔水加熱或隔水燉鍋是利用雙層容器進行烹調。外層容器盛水，內層容器則放置對溫度敏感的食物，再放入烤箱溫和而均勻地加熱。例如製作卡士達或乳酪蛋糕時，先連同盤子置於烤盤或鍋子中，再將水加到烤盤或鍋子高度的一半。由於水的表面會有蒸發作用，能緩和烤箱的溫度，因此即使在高溫烤箱中，也能以遠低於沸點的溫度烹煮食物。

低溫烹調是個概略用語，意思是讓食物在遠低於沸點的精確溫度下，達到所想要的熟度，通常是把水溫控制在某個精確溫度，進行隔水加熱。這種方法很適合用來烹煮肉類、魚類、蛋類等，這類對溫度敏感的食物在 55~65℃ 時口感最好，而在標準的烹煮溫度下則很容易變得乾硬。先把食物用防水袋或保鮮膜密封，浸入水波爐的水中。也可以放

入一鍋水中，水溫可由廚師人工監視與調整，或是以浸入式循環加熱元件來控溫。

低溫烹調的優點是能保證整塊食物都能達成特定熟度，因為食物就是在特定的溫度下煮熟的。食物若處於所設定的溫度，在水中多浸一些時間也不會過熟。因此比起其他溫度較高的烹煮方式，低溫烹調的烹煮時間就不那麼絕對了。

低溫烹調的缺點是，食物的表面無法達到油炸或是燒烤這類高溫加熱的效果，表面無法產生濃郁的焦香味。如果要魚與熊掌兼得，可先以低溫煮好食物，稍微放涼之後，再快速油炸或燒烤一下，讓表面產生風味而內部也可再回溫。

了解並且避開低溫烹調的潛在風險。若要殺死引起食源性疾病的細菌，低溫烹調的速度比較慢，而且緊密的包裝也可能讓肉毒桿菌生長。選擇解釋了此一風險的食譜，並請確實遵守每個步驟，尤其你是用自己的方式來維持溫度時。一般而言，以低溫烹調的食物最好立即食用，這是最簡單也最安全的方式。

以低溫方式烹調時：

· 在水波爐或是大鍋水之中加熱到適當溫度，水越多就越容易維持溫度。

· 把食物密封在厚實的夾鍊塑膠袋中，然後浸入水中，只讓封口露出水面，盡可能將空氣擠出，再把封口封好。或是使用家用真空包裝機或真空包裝。帶殼的蛋不需要包裝。

· 把袋子浸入水中，直到食物完全均勻煮熟。低溫烹調的過程很慢，因此需要的時間比一般烹煮法長很多：蛋需要30~60分鐘，肉排或肉塊需要一小時左右。如果你沒有使用水波爐或是循環加熱元件，那就要定時攪動水。使用精確的數位溫度計，經常檢查水溫，並以加熱或加入熱水來維持溫度。

· 確定食物完全浸入水中，且完全被水包圍。袋子中的空氣和水蒸氣氣泡可能會讓袋子浮起。水的流動或是鍋中塞入太多袋子，會使得袋子互相推擠或擠到鍋邊。

真空烹調法來自法文 Sous vide，意指真空，是一種低溫烹調法，方法是以塑膠袋把食物真空包裝起來。以專業機器封裝出的真空狀態，能加快風味進入食物的速度，同時壓縮蔬菜和水果，賦予食物密緻、肉質般的口感。而且由於抽出了袋中所有空氣，所以食物會加熱得更均勻，煮過之後也能放置更久。家用的真空包裝機所做出的真空，還不足以讓風味真正進入食物或壓縮食物，也不能於液體食材，而且袋中會有空氣殘留。

HEATING WITH WATER VAPOR: STEAMING AND DOUBLE BOILERS
以水蒸氣加熱：蒸煮與隔水加熱

蒸氣是熱的氣態水，加熱食物的溫度範圍也和液態水一樣，不過水蒸氣的密度較低，因此加熱的速度也較慢。蒸氣的溫度與產生蒸氣的水相同，大部分蒸煮的溫度都是沸點，不過加熱過程比熬煮溫和。

蒸煮需要一個盛裝食物的鍋子、少量水、能留住蒸氣的蓋子，以及能放入鍋中的籃子或是支架，好將食物與下方的水隔開。

隔水加熱是以間接的蒸氣熱慢慢加熱食物。隔水加熱所用到的雙層蒸鍋，是在盛裝沸水的外鍋上方，再擺放一個盛裝食物的內鍋或碗。外鍋燒水產生蒸氣，蒸氣再加熱上方的內鍋。若要立即停止加熱，移走內鍋即可。

蒸煮所需的水和能量都比沸煮要少，食物的養分和風味也較不易流失。通常外鍋只需幾杯水，蒸煮 15~30 分鐘，食物就熟了。由於食物沒有浸在水中，因此風味和養分流失得較少。

蒸是適合用來料理蔬菜、海鮮和薄魚片的簡便方式。也很適合用來為食物重新加熱。

將食物鬆散地放置在蒸盤上，讓蒸氣流通。如果你用的是大鍋子，就可以層層堆疊竹製或金屬製的蒸籠，一次蒸數種食物。質地比較脆弱的食物要放在溫度比較低的上層。

確定外鍋水量足夠，以免煮乾了。

只要鍋底燒焦幾秒鐘，就足以毀了食物的風味。

將蓋著鍋蓋的鍋子放到大火上加熱，水滾了之後把火關小，水維持小滾即可。大滾的水蒸氣溫度不會比較高，只會增加蒸發速度而讓水更快燒乾。

打開蒸鍋的蓋子時，開口不要朝向自己，也不要把手放到蒸鍋上方或蒸鍋中，因為蒸氣在幾分之一秒內就會造成嚴重燙傷。檢查食物熟度或是取出食物時，記得先關火並且以食物夾拿取。

烤紙包（en papillote）是把食物包裹起來讓食物在內部蒸煮，方法多樣，包裹材料多種，而且不需用到蒸鍋。方法是把食物包起來，然後把整個包裹放到熱源上方，熱源從微波爐到營火都可以。當食物表面的水氣溫度夠高而轉變成蒸氣時，便能把食物煮熟。如果熱源是火或是烤架，那麼包裹中的食物就有可能產生褐變或出現焦香味。常見的包裹材料有萵苣、甘藍葉、香蕉葉、荷葉、玉米殼、烘焙紙、鋁箔、麵團、鹽和黏土。

HEATING AT HIGH PRESSURE: PRESSURE COOKING
在高壓下加熱：壓力鍋烹調

壓力鍋在烹調過程中，以高於沸點（約 120℃）的熱水或蒸氣加熱食物。比起一般的爐火烹調，壓力鍋又快又有效率。壓力鍋是特製的鍋

子，密封的鍋蓋能將熱蒸氣封在鍋內，進而提高壓力和溫度。最近新設計的壓力鍋是用彈簧來調節壓力，比以往用重量來調節的還好用，既能保住烹調所需的蒸氣，又確保壓力不會超出安全界線。

壓力鍋特別適合那些耗時數小時烹煮的菜餚，例如乾豆子、肉類高湯、難以撕咬的肉塊等。壓力鍋也適合用來為自製的蔬菜以及水果罐頭消毒。壓力鍋在高溫之下，還可以殺死一般沸水煮不死的肉毒桿菌強韌孢子。

避免用壓力鍋燉煮肉類。高溫可以軟化強韌的結締組織，但也會榨出肉的水分，讓肉變得又乾又老。

使用壓力鍋時，注意食材高度不能超過鍋子的 2/3。倘若食材中有乾豆或是穀物，可以另外加一點油來抑制這些食材所產生的泡沫。過多液體和泡沫會塞住壓力閥，使得壓力高過安全標準，或是突沸而把周圍弄得一團糟。

壓力鍋的壓力一滿，便將火力調到極小。在密封的鍋子中，只需要提供一點點熱源就能維持沸騰。如果熱源是火力轉換較慢的電爐，那麼把鍋子移開一兩分鐘便可避免鍋壓過高。

留心食譜所指定的時間，使用壓力鍋烹煮時要設定計時器。由於熱傳入食物的速度很快，只要多幾分鐘就可能嚴重煮過頭。

慢慢降低鍋中的壓力，以保持食物結構完整並且避免突沸。快速降溫或是瞬間釋放鍋中蒸氣，都會使鍋中的水突然沸騰而冒出。豆子和馬鈴薯可能會因此碎掉，湯汁也會衝進壓力閥。

如果想簡化清洗鍋子的過程，可以把壓力鍋當成壓力蒸鍋來使用。倒一些水到鍋中，把食物及其需要吸收的水放在碗中，再把碗放入壓力鍋。食物會直接在碗中煮熟，屆時壓力鍋只需稍微沖洗即可。

HEATING ON METAL: PANFRYING AND PAN ROASTING, SAUTEING, AND STIR-FRYING
在金屬上加熱：煎、煎烤、炒、翻炒

　　煎和炒都是以熱的金屬鍋讓食物受熱，通常食物表面會覆上一層薄薄的油脂。熱煎鍋的溫度比水的沸點高出許多，足以讓多種食物的表面乾熱而產生焦黃色與焦香的外層。

　　煎一般用在大塊食物上，通常會先讓一面受熱一陣子，再用鏟子或夾子翻面。

　　煎烤是先用平底鍋煎，再放入烤箱烤。先在煎鍋上把大塊的肉或魚煎得焦黃，然後連肉帶鍋放到已預熱的烤箱中，讓烤箱中四面八方的熱把食物烤熟。在烤箱中進行後半段的烹調工作，不但能讓爐子空出來煮其他菜餚，也讓食物在烤箱中以更溫和而均勻的方式讓熱穿透。

　　炒這個字在法文中有「跳」的意思，在烹調過程中，要不斷搖動或攪拌鍋中的小片食物。和一般的煎鍋相比，炒鍋的邊緣比較高，如此才能避免食物跳出來。

　　中等厚度的食物最適合拿來煎炸，在內部熟透的同時，外表也已經焦黃。比較厚的食物可以先用高溫煎炸以產生褐變反應，再用較低溫使之熟透。

　　煎炸時噴濺出的油有可能燙傷手，而更細小的油滴也會瀰漫到整個廚房。

　　要避免油濺和髒污，就得盡量弄乾食物表面，或是裹上一層麵粉或麵包粉。烹調時要打開除油煙機，並使用網格狀的擋油蓋。若你有戴眼鏡，建議再戴頂棒球帽，以防止油漬從上方飛濺而來，弄髒鏡片內側。

　　當食物滲出澱粉或是蛋白質時便會沾鍋，煎炸太久使得油脂變黏的時候也會。在鍋內噴上不沾鍋的噴霧油可以降低沾鍋的問題，但這在相當低的煎炒溫度時就會產生怪味。

若不使用噴霧油和不沾鍋，依舊能避免食物沾黏在鍋子上。在不放油的情況下先預熱鍋子。若是低溫煎炸則使用未經純化的奶油，因為這種奶油含有防止沾鍋的天然物質。徹底擦乾食物表面，沾上一層麵粉或麵包粉。待食物產生酥脆外皮之後，再以有銳利金屬邊緣的鏟子翻面或鏟起。

　　煎或炒的方式：

　　·大塊的肉類和禽肉先放在室溫下回溫，這樣才會熱得快，並且避免煮過熟。

　　·擦乾食物表面，或是沾上一層麵粉或麵包粉，這樣可盡量避免油脂噴濺而出，也減少食物沾鍋，同時加速褐變。外層的包裹食材可避免食物表面焦黃，並增加酥脆口感和風味。切好的蔬菜可以先過油，讓表面包覆上一層油。

　　·選擇大小適中的煎鍋，食物放入鍋子之後不能太擠，但也不能太鬆，以免造成油在鍋中空燒而焦掉，並使得食物流失汁液。如果煎鍋太小，會無法維持高溫以蒸發食物的水分，如此食物就不是煎而是燉了。

　　·用中火加熱無油的煎鍋到 175~190℃，溫度可用非接觸式溫度計測量，或是把一滴水滴在鍋子上，看水滴是否會先猛烈翻滾才蒸發掉。如果把油或脂肪放入鍋中，則會因為熱而產生波浪般的起伏。如果要以未純化奶油低溫煎煮，在鍋子冷的時候就放入奶油，加熱到奶油不再冒泡且飄出香氣，這時溫度大約為 150℃。接著加入食物並把火轉大以維持鍋溫，因為食物會吸收鍋子的熱。

　　·調整火力，維持在可以聽到滋滋聲（這是水蒸發的聲音）卻又不會讓食物燒焦。如果要迅速降溫，尤其是使用電爐加熱，直接移開煎鍋即可。調整火力之後再放回鍋子。

　　·如果褐變和滋滋聲都已停止，鍋中開始累積湯汁，而你煎炒的食物是對溫度敏感的肉類和魚類，先把食物移出鍋子，把火開大待湯汁蒸發之後，再把食物放回鍋中。如果煎炒的是菇蕈、茄子或其他蔬菜，食物就可以留在鍋中，開大火把湯汁收乾即可。

　　·大塊的食材每面都需要靜置油煎個幾分鐘，等該面水分完全收乾

後才能移動或翻面。翻動食物時，不要集中於煎鍋某一處而要用到煎鍋各處。一旦食物雙面都變得焦黃，即可不斷翻動食物以減緩褐變的速度，並讓熱度更快穿透食材。

煎黑（blackening）是以高溫的油煎技術，讓食物產生富含香氣的深黑色外皮。這種烹調方式只適合通風良好的廚房或是戶外，因為極高溫會產生油煙。

要煎黑的肉或魚先塗上奶油，再沾滿粉狀調味料，將鑄鐵鍋加熱到非常高溫（蓋上鍋蓋或鋁箔，直到冒煙），再把食物放入鍋中。

翻炒是中式的高溫烹煮法，是炒的快速版，能夠產生獨特而可口的風味。

中式炒鍋最適合用來翻炒，圓弧形底部有利於翻動切過的食物。不沾鍋材質的炒鍋只適以中溫炒菜，因為高溫會破壞不沾鍋塗層。翻炒只適合在有抽風設備的地方或是戶外，因為翻炒會產生大量油煙並飛濺出許多熱油。

翻炒的方式：

· **把食物切成小片**，這樣才能在一兩分鐘內熟透。

· **弄乾食物表面。**

· 用大火加熱炒鍋，直到開始冒煙（可用鍋蓋或鋁箔蓋著以更快達到高溫）。鍋子以油處理過可減少沾鍋：鍋子加入一些油然後加熱，一冒煙就把油倒掉。

· **倒入烹調用油，然後放入食物**，持續翻炒食物直到煮熟為止。

HEATING IN OIL: DEEP-AND SHALLOW FRYING AND OIL POACHING
以油加熱：深炸、淺炸和中溫油浸

深炸和淺炸是把食物放到熱油中加熱，與一般油煎時讓食物在熱的金屬板上受熱不同。油的溫度可以遠高於水的沸點，並讓許多不同食物變得酥脆焦香。深炸和淺炸會增加食物的含油量，不過如果處理得當，食物所吸的油會比油煎來得少。

深炸時，食物完全浸在熱油中，食物表面會全部形成焦黃香脆的外皮，裡面則會熱透。各種食物都能拿來油炸，從一毫米厚的馬鈴薯片到整隻火雞都可以。

深炸的缺點是需要用到許多油，而且有熱油噴濺而燙傷皮膚或著火的風險。

淺炸的方式是將油的用量減少到食物高度的一半，一半炸熟之後再炸另一半。

中溫油浸的方式類似中溫水煮，以較低的溫度來加熱。中溫油浸的溫度遠低於水的沸點，不會讓食物表面產生酥脆焦黃的表面。和中溫水煮相比，中溫油浸比較不會讓食物的風味與營養流失到油液中，而油或是油的風味則會進入食物，加熱食物的過程也更為緩慢[1]。

深炸、淺炸的方式：

‧ **選擇深的鍋子或平底深鍋**，容積至少要比所裝的油多出一倍以上，因為放入食物後油的高度會增加，而食物所含的水分蒸發時也會產生激烈的泡泡。請使用可夾在鍋邊的油炸用溫度計，或者使用電子控溫油炸鍋。

‧ **選擇多元不飽和脂肪含量少的新鮮純化油**，新鮮與清淡的油容易

1.譯注　肉圓就是以中溫油浸加熱

瀝乾，而且不容易附著在食物表面。非精製油或是富含不飽和脂肪的油不耐油炸、容易分解、冒煙、產生怪味，因此用精製油較佳。精製的花生油、棉籽油、橄欖油（會給食物帶來獨特風味）、低比例多元不飽和脂肪的葵花油、不含反式脂肪的植物性起酥油，都是良好的油炸用油。其他富含特殊風味的油還有謹慎提煉出來的動物性脂肪，如豬油、牛油和鴨油。

‧**食物要切成相同大小，盡量拍乾**，或是裹上麵粉、麵包粉或麵糊。食物表面越乾，越不容易起泡和濺油，也越快褐變。沾裹在外層的食材能避免食物表面與熱油接觸。麵糊要牢牢沾附在食物上，先在食物上撒一些麵粉，即可輕易裹上麵糊。如果要裹麵包粉，先在食物上撒一點點麵粉，再浸入牛奶或是打散的蛋汁，最後裹上麵包粉。

‧**如果要讓外皮更酥脆**，可以把麵糊的部分麵粉換成在來米粉、玉米粉或是玉米澱粉，再加入一些雙效發粉，也可以把一半液體改成伏特加酒。

‧**若想炸出日本天婦羅那般不規則花邊的香脆外皮**，在下鍋油炸之前才用冰冷的水大致攪拌麵粉和雞蛋，如此可減少堅韌麵筋的形成，也減少外皮酥脆所需的時間。每炸幾回之後，就製作新的麵糊。

‧**麵糊不要放超過四小時**，濕潤的麵糊遇上重複沾裹的生食，容易滋生有害細菌。

‧**用中火以上的火力加熱油溫到所需的溫度**，高溫油鍋的底部會加速油的分解。注意鍋柄不要凸出爐子邊緣，以免不小心碰到鍋柄而讓熱油濺出。

‧**食物輕放入油鍋，不要讓油濺出**；一次只放入一點食物，以免油溫驟降，進而阻礙油的對流。食物下鍋後把火開大，盡快恢復所需的油炸溫度，之後調整火力維持溫度，並讓水氣蒸發形成平穩的氣泡。不可蓋上鍋蓋，否則食物蒸發出來的水氣會在鍋蓋上凝結，再滴回油鍋導致熱油飛濺。

‧**時時監控油炸過程**，當食物變成想要的顏色，就要取出或是**翻面**。當氣泡變少時，油的溫度就會上升，加速食物褐變。第一批食物所

需的油炸時間較久；油一旦經過使用就會開始分解，加熱食物的速度也會因而提高。

‧用濾網撈出炸好的食物，在油鍋上方輕甩，然後立即把油吸乾。 食物冷卻後會比在油炸時吸收更多油。

要保持炸物酥脆，食物炸過之後要放在瀝油的架子上或鬆散疊起的紙巾上。炸過的食物堆疊在一起會使蒸氣散不出去，讓食物的表皮受潮變軟。

如果要回收炸過的油，用濾布濾除所有食物殘渣，再將油放置在陰涼處。如果重複使用的油在油炸時出現怪味、變得黏稠、顏色變深或是冒煙，就該丟棄。

OVEN BAKING
烤箱烘焙

烤箱烘焙是以烤箱內壁與加熱元件的熱輻射以及烤箱中的熱空氣來加熱食物，溫度範圍可從低於水的沸點到高出沸點許多。低溫時可緩慢而均勻地加熱食物，高溫時則足以烘乾食物表面，形成風味十足的焦香外皮。

烤箱烘焙費時較長，因為熱空氣加熱的速度比水和油慢得多。這種緩慢而均勻的加熱方式，讓我們可以把食物丟在烤箱中好幾個小時不管。即便是肉類等對溫度敏感的食物，在烤箱中長時間烘烤，依然能烹調得恰到好處而不至於過頭。

瓦斯烤箱和電烤箱的烘焙效果有所差異。電烤箱比瓦斯烤箱保留更多食物烘焙出的蒸氣，因此烤得較慢，烤出食物的膨脹程度較低，色澤也較淡。

對流式烤箱內建風扇，能促進熱空氣流動，以此加速溫速上升並讓

熱度平均。

如果使用對流式烤箱，烘焙溫度就得比一般標準烤箱低15~30℃。

烤少量食物時，桌上型烤箱或烤麵包機較省能源，但是烤箱中的加熱元件很靠近食物，而且經常啟動加熱，因此很容易烤焦。

用小烤箱時若想避免烤焦，先預熱烤箱，溫度設定要高於理想烘焙溫度，然後把食物放在最低的那層架子上，遠離加熱元件，並用鋁箔稍微覆蓋食物。

檢查烤箱上的恆溫器是否準確，並設法了解烤箱中溫度的分布狀況。先預熱烤箱，待加熱元件元件啟動後又自動關閉時，用非接觸式溫度計測量烤箱內各處的溫度。如果烤架和內壁的溫度與恆溫器設定的有所差異，那麼按照食譜烹調時，就得依據這個差距調整恆溫器的設定溫度。

烤箱中要留空間讓熱空氣在食物周遭流動。如果沒有風扇促進循環，留意不要在每層架子上都放上大烤盤。

即使烤箱設定在中火，依然有可能把食物和蔬菜烤焦。由於加熱元件會反覆開閉來維持烤箱溫度，因此烤箱中的實際溫度有可能一再升高，遠超過恆溫器設定的溫度。

如果要盡量維持烤箱溫度均勻，就要盡量減少加熱元件啟動的次數。預熱時溫度可調到遠高於所需的溫度，以彌補放入食物所造成的溫度驟降。烤箱中放入烘焙石板也有助於維持溫度。

用鋁箔或是烤盤遮住烤箱的頂層或底層，可以減少許多熱輻射，避免烤焦。烤箱中靠近底部的地方最熱，因為此處至少有一個加熱元件。烤箱頂部也非常熱，因為熱氣會上升而集中於此（而且此處也可能有另一個加熱元件。）

要煮穀物、烘豆子和燜燉菜餚時，烤箱溫度要設定在 70~105℃。以烤箱加熱會比爐火更均勻，容器底部也不會產生鍋巴或燒焦。鍋蓋留些縫隙讓水蒸發出來，可以避免沸騰。

平底鍋的材質會影響食物在烤箱中受熱的均勻程度與速度。光亮的鍋子會反射熱能，材質粗糙、顏色暗沉的鍋子傳熱給食物的速度就比較

快。薄的鍋子容易讓溫度集中在某些地方，加熱效果不均勻。陶鍋的導熱效率以及溫度上升速度都比金屬鍋慢，但是在上菜時能夠保溫。透明的玻璃鍋能讓熱輻射直接加熱食物，導熱速度快，因此加熱速度也比陶鍋快。

不要依賴食譜寫的烘焙時間，因為烤箱、鍋子和食材有太多變化，你得經常檢查食物烤好了沒，而且要提早檢查。

BROILING
炙烤

炙烤是以火焰槍或電子式加熱元件的強烈輻射，從食物上方讓食物表面發生褐變的烹調方式。炙烤最適合用來處理中等厚度的肉類、魚塊，或是鋪平的蔬菜（例如蘆筍），也可以讓煮熟的菜餚表面迅速變色並增加風味，例如焗烤或是法式烤布蕾。

炙烤的加熱程度與食物褐變的效果，會隨著加熱元件和食物的距離增加而大幅降低。距離太遠，褐變所需的時間會增加，反而容易使食物內部加熱過頭。這是炙烤時最常犯的錯誤。

炙烤用烤架要預熱到加熱元件的金屬材質發光，以加快褐變的速度，避免食物烤過頭。

在缺乏油脂的食物表面塗上薄薄的油，以加快褐變的速度，並且加強焦香味。但是多餘的油脂要擦掉，以免烤爐著火。

食物的表面要靠近加熱元件，距離約 2.5公分，並時時留意焦黃的程度，大約每分鐘就要檢查一次。一旦食物褐變到你想要的程度，立即翻面或把食物移開。如果有需要，關火之後，讓食物留在炙烤爐中繼續受熟，或是把食物移至烤箱中烤熟。

GRILLING
燒烤

燒烤是把食物放在炭火、爐火或是電子加熱元件上，以其熱輻射和熱空氣高溫快速烹煮食物。

燒烤時的高溫能讓食物兼具火烤與煙燻風味，並產生強烈褐變。燒烤時得多加留心，否則食物會烤焦，且在表面留下煙灰等有毒物質。

明火和炭火有其危險，會產生有毒的一氧化碳氣體，也可能造成燙傷或是火災。因此燒烤時要選擇通風的戶外，使用長柄工具，並戴上手套，同時備妥滅火器。

瓦斯烤爐和電烤爐只能約略模擬炭烤爐的效果，也不會產生炭烤的香氣和煙，更無法達到炭烤爐的高溫，因此要花較久的時間才能讓食物表面發生褐變，最後可能導致食物內部加熱過頭。

炭烤爐主要是以發熱的木炭藉由熱輻射直接從食物下方加熱。如果木炭熄滅或是移開，那麼主要就是藉由熱空氣來加熱。若在烤架上加蓋，便是鎖住熱空氣以烤箱的方式來加熱。

用硬木燒成的木炭比較好，因為這不像煤球會有黏著劑等其他添加物。點火時使用煙囪型點火器，避免使用助燃液，因為助燃液燒過之後會產生難聞的殘留物。如果要快速點燃木炭，可用瓦斯噴槍直接點火。

在燒烤架中挪出低溫區，把部分或全數木炭移走。這個區域是以熱空氣間接加熱食物，溫度較低，厚的大塊食物表面若已在高熱下烤出焦香後，就可移至這個區域慢慢烤熟。

如果要提高金屬烤架的溫度，好燒掉食物殘留物並且在食物表面快速留下烤痕，可以先在烤架上覆蓋一片鋁箔，加熱數分鐘之後再放上食物進行燒烤。鑄鐵烤架比不銹鋼輕鋼架更能累積熱能，壓出的烤痕也比較漂亮。

避免油脂突然著火與燒焦，才不會在食物表面累積煙灰、不良氣味

和致癌物質。肉塊中過多的脂肪要削掉，蔬菜醃漬後表面的油水也要吸除，並隨時留意烤架上的食物。

倘若要避免食物黏在烤架上，先把食物拭乾，燒烤之前在食物與烤架表面輕抹上一層油。食物要烤得夠久，表面才會烤乾、變硬而容易分離，在此之前不要移動食物。

燒烤牛排或肉塊時若要加快速度，讓表面與內部均勻地烤熟，就要不時翻面，通常不到一分鐘就要翻一次。

烤好的肉類和魚類不要沾到之前醃肉的醬汁，裡面可能含有有害的微生物。一開始就把醬汁分為兩批，一批用在生肉，一批用在熟食或收尾的時候（必要時可以煮過）。烤好的食物放在乾淨的盤子上，不要用之前放生食的盤子。

桌上型雙面煎烤鍋主要以熱輻射加熱，不過熱源是上下兩片貼近食物的金屬板，如燒烤用烤架那般互夾。金屬板會加熱到足以煎炸的溫度，從上下兩面同時加熱食物。雙面煎烤鍋可以很快烤熟食物，但不會產生真正高溫燒烤的焦香味。

SMOKING
煙燻

煙燻是利用悶燒的木材或香料和茶等植物材料所產生的香氣，來賦予食物風味。煙燻的煙含有抗微生物與抗氧化的特性，有助於保存食物。不過煙燻風味會隨著時間慢慢消失。

熱煙燻會同時煮熟食物。冷煙燻溫度低，只會煙燻而不會煮熟。特定木材要在特定溫度下才能散發出最佳香氣。硬木（尤其是山核桃、橡樹和果樹）會有香草、丁香等香料的香氣。這些木材在 300~400℃ 悶燒時會產生香氣，此時木材還不會起火燃燒。松樹和其他常綠樹木含有樹

脂，會產生刺激的香氣和煙炱。

要產生最佳煙燻風味，得控制空氣流動或是火力，不要讓產生香氣的材料燃燒。先用水浸濕木材或香料，再放上燒紅的木炭，或是用鋁箔包住，留下小空隙讓煙冒出。烤架的通風口要關上，別讓空氣流入，木炭缺乏空氣便不會燒起來。

如果要在戶外進行熱煙燻，就得使用專門的燻烤爐。如果要同時燒烤，那就使用一般的烤架。

如果要在廚房裡熱煙燻，要準備能夠放在爐子上使用的煙燻盒，或是在一般廚房用的鍋子和鍋蓋內側襯上鋁箔。把煙燻用的木屑、磨碎的香料、茶葉等能散發香氣的材料用鋁箔包好，放在鍋底，再將食物置於架上。鍋蓋蓋緊，開中火直到煙味冒出。持續煙燻幾分鐘，然後熄火，蓋子不要打開，讓鍋子自然冷卻，直到煙不再從鍋子冒出為止。

如果有必要，用烤箱繼續把食物烤熟。

冷煙燻需要特製的燻烤爐，這個爐子分成相連的兩個區域，一個區域用來加熱，產生煙的材料就放在這邊。另一個區域與室溫相近，大塊的肉類或是魚類就放在這裡。若要煙燻的食材是小塊食物或是已經做好的菜餚，可以使用煙燻槍來加熱木屑或是香味材料，再將產生的煙灌入食物容器。

MICROWAVE COOKING
微波爐烹調

微波爐的電磁波能穿透非金屬容器，深入食物 2 公分以上，以直接、快速而有效率的方式加熱食物。

以爐火加熱容易烤焦的小量食物，或是薄魚片和蔬菜等容易在煮沸

中流失養分的食物，就適合以微波爐來烹調。微波爐也適合用來加熱清水、爆米花、早餐穀片和剩菜。用來融化巧克力與奶油，以及讓冰淇淋軟化，也都非常方便。

微波爐省卻了洗鍋子的工夫，因為它能夠直接加熱裝在容器內或是盤子上的食物。塑膠、玻璃與大部分的陶瓷材料都不會吸收微波，加熱之後的溫度也不會比食物高。只要有標示「微波爐可用」的容器，皆可直接從冰箱拿出來放到微波爐中使用，然後端上桌。

不要把用過的塑膠容器或是外帶的食物包裝放入微波爐。這些容器與包裝會釋放化學物質到食物中。一定要確認塑膠容器上有「微波爐適用」的標示。

不要把金屬容器或廚房用具放入微波爐。金屬會反射微波，並且把微波的能量轉換成電流。金屬容器會擋住微波，使得內部食物無法有效加熱。兩個金屬之間的小縫隙或是金屬與爐壁之間太接近，都可能引起火花而起火。叉子和有花紋的瓷盤幾乎都會造成火花。

用鋁箔遮住魚排邊緣較薄處或其他結構脆弱之處，讓受熱更均勻。不過要注意，鋁箔和微波爐內壁得保持距離。

微波爐採用的是功率控制，而不是溫度控制。有些微波爐的功率控制只是單純地控制微波是一路全開，還是循環開閉。新型的微波爐能夠控制微波強度，可以加熱得更溫和。

使用高功率加熱時，小心並且時時檢查食物的狀態。微波有穿透性，有時候食物或堅果內部燒焦了，外表卻毫無變化。融化奶油時，奶油下方的水有可能突沸，導致奶油噴發而出。加熱一杯水時，水的溫度有可能瞬間超過沸點卻沒有冒泡，等到移動杯子之時水才突然噴出造成燙傷。

使用低功率加熱比較容易控制，適合用來緩慢加熱香料、堅果這類食物。咖啡以緩慢的速度重新加熱也有助於維持香氣。

大分量的食物需要多一點加熱時間。微波爐中的食物越多，同樣的能量就會分給越多食物，因此每份食物吸收到的能量就越少。

食物要稍微蓋起或包起。微波主要是加熱食物中的水分，因此食物

很快就會變乾。用保鮮膜或是蓋子稍微蓋住食物，可以保留水分，並在食物周圍形成水蒸氣。這些水蒸氣能夠阻隔微波，而讓加熱過程更溫和。加熱的食物不可密封，否則源源不絕的蒸氣會衝開保鮮膜或蓋子，搞得一團糟。

使用微波爐時得不時轉動食物，因為微波容易聚集在爐子一處而無法均勻加熱，因此爐子中會有自動轉盤，不然也得不時停下微波爐，以手動轉動食物。

COOKING AT HIGH ALTITUDES
高海拔烹調

許多烹調方式與食譜在高海拔地區（300公尺以上）使用時，必須加以調整。因為這些地區氣壓較低，水的沸點也跟著降低，食物表面因為水分蒸發更容易失去熱能，導致傳熱速度減緩，而發麵製成的食物在烘烤時也會比較早膨脹。一般食譜在高海拔地區要試好幾次才能達到最佳效果，不同海拔、烹調方式與菜餚有不同的解決方式。

大部分食物要花較長的時間烹煮。在高海拔地區，烹煮蛋、肉、魚和蔬菜類的菜餚時，只要延長加熱的時間即可。若要煮乾的豆類和全穀物，壓力鍋則可派上用場。

烘焙的食物、卡士達和蜜餞的調整方就就比較複雜，整個烹調過程若非得重新設定，就是得大幅調整。解決方式大致上是增加液體食材與麵粉，減少糖與發粉，並大幅提高加熱的溫度與時間。

Food
safety
is the
sobering
side of
cooking

CHAPTER 6
COOKING SAFELY

烹調安全

小小動作便能大幅增進食品安全。
習慣成自然，你就會同時把安全與
美味放在心上。

烹調時也需要冷靜思考，雖然老饕可能不太在意食品安全，但是廚師擔不起疏忽的責任。原因很簡單：食物中經常有許多有害的微生物，即便清洗甚至烹調之後仍無法完全去除。生菜沙拉等許多營養豐富的食物通常都是生吃，或只是稍微過水汆燙，一有閃失就會讓人生病。高溫能快速殺死有害微生物，但也會破壞原本的美味。食物煮熟之後，除非我們妥善保存，否則安全的食用期通常也只有幾個小時。一時的大意，就有可能前功盡棄。

這件事和每個人息息相關：根據美國疾病管制局估計，美國每天有20萬人因為食物污染而生病，因此死亡則有十多人。

安全又美味的食物是可能的，但是得費心費工夫，要遵守的規則也不簡單，因為食物與微生物都不是簡單的東西。不過所有下廚的人得費這番工夫，這是為了自己，也是為了別人。

我父親喜歡幾乎全生的漢堡。他會說：「在烤架附近晃一晃就可以了。」所以經常鬧肚子。絞肉最容易遭受有害的微生物污染。

後來他搬到我住處附近，我開始幫他作菜。我告訴他，我會顧及他對漢堡的偏好，並研究出安全的烹調方式。做出來的漢堡雖然只是稍微烤一下，但保證可以安全食用（見 224 頁）。從此以後，我們兩人都得以無憂無慮地享受漢堡。

不要因為下列的規則太多而直接放棄。這些規則把只是把一些基本習慣應用在特定情況上。生鮮食材要冷藏並保持乾淨；以適當方式烹調；煮好之後立即上菜；剩菜要立即冷藏。從現在開始，煮菜時要考量食品安全，設立你自己的規則，小小的動作會大幅增進你的食品安全。習慣成自然之後，你就會同時把安全與美味放在心上。

COOKING SAFELY
安全的烹調

在烹調過程中，危險主要來自於尖銳的邊緣、電動機器和高溫。

廚房中發生的意外傷害其實都是可預期的。某些符合常識的習慣就可大幅降低意外傷害的機率。

煮菜時要穿長袖的衣服、長褲和鞋子，保護皮膚與四肢不受熱烤箱、飛濺出的滾燙食物和掉落的刀子與玻璃器皿的傷害。

先拔掉切割機、研磨機與攪拌機的插頭，再處理這些機器的刀片。

刀子要保持鋒利，不要放置在流理檯邊緣。刀子鈍了，切的時候就得更用力，容易導致刀鋒切偏。

切菜時一定要用砧板，手指不要靠近刀鋒。砧板下墊一塊濕抹布，以避免砧板滑動。

把毛巾、隔熱墊和手套放在隨手可得的地方，以用來端握熱鍋、鍋柄、烤盤和微波爐中的容器。

確定毛巾、隔熱墊和手套是乾的，或是以防水材料製成。因為只要沾上一點水，水氣很快就會把金屬上的熱傳遞過來，燙傷手並且讓鍋子掉下。當皮膚暴露在60℃的溫度下數秒鐘，便會造成刺痛的燙傷，70℃以上就會立即燙傷。

鍋柄不要凸出爐面之外，以免撞到鍋柄而讓鍋中食物潑灑出來。

要移動熱的容器之前，確定沿途沒有障礙物，隔熱墊也已準備好，並擺放在容器預定擺放之處。

打開鍋蓋時，要朝外開啟，好讓鍋中蒸氣朝外逸出。整鍋熱水倒入水槽時要緩慢，以免蒸氣瞬間往上冒。

要減少熱油噴濺，食物下鍋油炸前先徹底擦乾，鍋子上蓋著防油濺網。

高溫烹調的油煙含有刺激性與有毒化學物質，會讓人立即產生不適，並造成慢性疾病。

爐子上面加裝除油煙機，把油煙排到戶外。如果你經常煎炸或是使用烤箱，一定要設置除油煙機。有些除油煙機只是過濾空氣中的一些油煙，然後再把氣體排回廚房。打開廚房的窗戶，讓新鮮空氣流通。

DEALING WITH CUTS, BURNS, AND FIRE
割傷、燙傷與起火的處理

廚房意外的處理很重要，也很容易。

廚房中要放置大小型號的繃帶、抗生素軟膏以及適合廚房使用的滅火器[1]。要閱讀滅火器的使用方式，並且定期檢查壓力是否足夠。滅火器要放置在門附近，萬一發生火災，你才能順利逃脫。

如果手切傷了，用自來水沖掉傷口的食物殘渣，然後以乾淨的毛巾擦乾，塗上抗生素軟膏，綁上繃帶。若有必要，把傷口抬到比心臟高的地方，以減少出血。

如果出血不止，就要去急診求助。

如果燙傷了，把燙傷的部位放在水龍頭下用冷水沖幾分鐘，或是用冷自來水沾濕毛巾，覆蓋在燙傷部位（毛巾要重複沖水冷卻），也可以用冰箱中的罐頭來冷卻燙傷的皮膚。用繃帶保護燙傷部位。如果燙傷的面積大，或是有感染的跡象，要去就醫。

燙傷部位不可用冰塊或冰袋冰敷，過低的溫度會進一步傷害皮膚。一般冷水就能減少傷害與疼痛，加速復原。

如果燙傷狀況嚴重，要去急診，記得用濕毛巾覆蓋傷口。

1.編注　美國為 K 類或 B 類，台灣為 B 類（油類火災）或 C 類（電器類火災）。

如果發生火災，打開滅火器或是撒鹽來撲滅火勢。水會使燃燒的油擴散得更廣，同時可能造成觸電。如果鍋子裡冒出火來，就蓋上鍋蓋把火悶熄。

如果你不能在幾秒鐘之內滅火，離開廚房，打電話給消防隊。

FOODBORNE ILLNESS, OR "FOOD POISONING"
食源性疾病（食物中毒）

烹調食物最主要的危險來自於「食物中毒」。食源性疾病是由於食物中的微生物感染人體，或是微生物遺留在食物中的毒素讓人不適。毒素通常在幾個小時之內就會讓人感到不適，若是感染則需一兩天才會讓人生病。

廚房到處都有微生物，食物上、流理檯、水槽、空氣和廚師身上都有。微生物是肉眼看不到的小細菌、黴菌、酵母菌、病毒和寄生蟲（有些寄生蟲大到能用眼睛看見）。食物中就算有幾百萬個微生物，也不會有明顯的腐敗跡象。一如人們身上平常就帶有微生物並到處散布，卻不會受到感染。

造成食源性疾病的微生物名稱，經常可以在新聞中看到：大腸桿菌、沙門氏菌、李斯特菌、肉毒桿菌。有些沒那麼有名，但是一樣有害，例如彎曲桿菌（campylobacter）、葡萄球菌（staphylococcus）、蠟狀芽胞桿菌（Bacillus cereus）和諾羅病毒（noroviruses）。這些微生物附著在各種食物上，但大部分都出現在動物性食品中：肉類、魚貝類、蛋類和乳製品。

在食物中，只要有幾個有害的微生物，就能夠快速增殖到成千上

萬。一個細胞在溫暖潮濕的環境下，每20分鐘就可以一分為二，在四小時之內繁衍出數千個。少許細菌通常對健康無妨，但是多到幾千個就足以致病。

　　適合微生物生長的溫度範圍是 5~55℃。接近冰點時微生物無法生長，但在常溫的肉類和溫暖的食物中則生長快速。超過 55℃ 之後，微生物生長的速度會變得非常緩慢，並開始死亡。我們可用溫度控制來限制微生物的生長：冷藏、加熱且趁熱吃，剩菜立即放入冰箱。

　　食物的溫度越高，微生物就死得越快。大部分的細菌在 55℃ 的溫度下，數小時之內就會死亡，在 60℃ 下只能撐上幾分鐘，75℃ 以上則會立即死亡。

　　貝類和甲殼類食品中，引起疾病的通常是病毒，只有接近沸點100℃ 的溫度才能消滅。食物一旦遭受病毒污染，就算是肉已經煮硬了可能也不夠安全。

　　有些微生物的休眠孢子能夠熬過高溫烹煮，在食物冷卻之後萌芽、生長，因此食物煮透之後依然可能會造成疾病，所以剩菜若沒有維持在高溫，就得立即放入冰箱。

　　一般的烹調方式無法消除食物中所有的微生物和毒素。

　　唯一能擔保食物中沒有任何微生物和毒素的方式，是用壓力鍋烹煮數小時，然後立即吃掉。但是這種食物吃起來也毫無樂趣可言。

MAXIMIZING SAFETY FOR VULNERABLE PEOPLE
老幼病弱的食物安全須知

對於身體抵抗力較弱的人（幼童、孕婦、哺乳女性、年長者、病患或是長期服藥者）來說，食物安全應擺在第一位。即使是制酸劑都會降低人體對食源性疾病的抵抗力。

下面列出幾個方式，讓飲食更安全：

不要提供任何生菜沙拉或是無法去皮的生鮮蔬果。去皮之前，蔬菜水果都要徹底洗淨。

牛奶和果汁都要經高溫殺菌，不可提供軟乳酪。

不可提供生肉或未煮熟的肉類、魚類、貝類、蛋類或是乳製品。

不可提供任何生的牡蠣、貽貝和蛤類。這些貝類含有的病毒和毒素在煮過之後依然存在。

食物內部的烹煮溫度不可低於 70℃，大塊肉類的中心溫度則不可低於 60℃。

自製的罐頭食物要沸煮 10 分鐘。

食物煮好之後，不要在室溫下放置 4 小時以上，在保溫的狀態下則不得超過 1 小時。如果要延長放置時間，溫度至少要維持在 55℃以上。

BALANCING FOOD SAFETY WITH FOOD QUALITY
兼顧食物安全與食物品質

許多食物生吃或是稍微煮一下最好吃，生菜沙拉和壽司就是非常美味的生食。魚肉加熱的溫度超過 50℃就會開始變乾，牛肉是 60℃，蛋黃則是 63℃。

身體健康的人，大多能夠承受生食的風險。下面的方式能讓風險大幅降低。

若要進一步減少未煮熟食物的危險性，可增加低溫烹煮的時間。一般而言，食物內部的溫度到達55℃並維持兩個小時，微生物數量會大為減少。當溫度提高到57℃、維持40分鐘時，也能達到相同效果。如果提高到60℃則只需12分鐘，65℃只需2分鐘。

GUIDELINES FOR PREPARING SAFE FOODS
安全食物準備守則

有三個基本原則可減少食源性疾病的風險：

‧使用完整的食材，避免受到有害微生物的污染。

‧把容易腐敗的生食和剩菜存放在 5℃ 以下。

‧烹煮食物要徹底，好殺死大部分有害的微生物，並立即上菜。

這三個基本原則可發展出許多具體應用的規則。

購買外觀完整的食物，上面沒有任何損傷，也沒有怪味。檢查保存

期限。冰櫃或是冰箱中的食物要確定是在冷凍或冷藏狀態。食物褪色、發霉（以黴菌熟成的乳酪例外）及包裝會滲漏的都不要買。罐頭有膨脹現象，瓶罐破裂或被打開，或是密封的容器中有微生物生長的跡象（不尋常的冒泡或變得渾濁），請不要購買，或是直接丟棄。

　　容易腐壞的冷凍或冷藏食物要立即放入冰箱。生的肉類、魚類、貝類、雞蛋、乳製品、預切的蔬菜水果，都容易腐壞。冷凍、冷藏的食品裝在同一個袋子中，比較容易維持低溫。如果無法在時限內放回冰箱，要帶著冰桶和冰塊。不要把這些容易腐壞的食物放在溫暖的車上或是廚房裡好幾個小時。

　　容易腐壞的食物要儲存在 5℃ 以下，通常是冰箱後側。定時以溫度計測量冰箱溫度，必要時調整冰箱恆溫器。盡量少開冰箱，開啟時間也盡可能短。等到你要處理食物的時候，才把食物從冰箱裡拿出來。

　　冷凍食物要在冰箱或是冰水中解凍，不要在室溫下解凍，因為食物的表面溫度會高到足以讓微生物生長。

　　手、流理檯和所有相關器具，在整個烹調過程中都要盡量保持清潔。如果沒有謹慎處理，原本乾淨的食物會在烹飪過程中遭受污染。

　　手掌和手腕都要用肥皂和溫水用力搓揉、清洗乾淨。在洗手之前，用指甲刷把指縫的污垢清乾淨。烹調過程中，只要有處理食物、開門、接電話、伸入袋中取物、因咳嗽或噴嚏而掩口、上廁所、觸摸到他人或是寵物等等，都會使雙手暴露在微生物的環境中，必須再洗手。雙手洗淨之後，用乾淨的紙巾或擦手專用的乾毛巾擦乾。如果不想一直洗手，可以在處理食物時戴上拋棄式塑膠手套。

　　用自來水沖洗食物，清除看得到的泥土。清洗過程並不會殺死微生物，但可以降低微生物的數量，在去皮和開罐頭時讓食物少受到一些污染。

　　不要用肥皂洗食物，因為會有殘留物。

　　不要將農產品或是肉類放在水槽中，而是放在乾淨的容器裡。如果你得用水槽清洗大量食物，使用前後都要用醋或是漂白劑消毒清洗水槽。

準備肉和魚專用的砧板，其他食材用另外一塊，這樣你在處理食物時便可省去來回清洗砧板的工夫。使用大的砧板，而且砧板外圍要有一圈溝槽，以免食物碎屑和汁液流到砧板外。食物處理完畢之後，刀子與砧板要完全洗淨，再以熱肥皂水清洗並晾乾。如果要清潔得更徹底，用兩份水稀釋一份蒸餾醋為砧板消毒。

不要在食物上方咳嗽或打噴嚏，也不要用手指沾食物來嘗味道。每次都用乾淨的湯匙來嘗調味。

溫度計使用前後，尖端探測區都要以肥皂水清洗。

如果你在烹調中為了讓食物保持濕潤而加入鹵汁醃醬或醬料，在上桌前要把這類液體完全煮開。

煮好的食物放在乾淨的盤子上，不要放回原來放置生食材的盤子中。

穩定加熱食物，確保食物內部在六個小時之內到達能夠殺死微生物的溫度。勿讓食物一直處於能讓微生物繁殖的溫暖溫度。

確定食物煮到你理想的熟度。

用溫度計確定食物與烹煮時的溫度。如果用微波爐，要確定盤子中的所有部分都達到正確的溫度。微波爐加熱有時並不均勻。

至於各種食物的特定安全處理方式，詳見各章。

SERVING FOOD SAFELY
安全上菜

菜餚煮好之後要盡快上菜。這對下列幾種食物來說特別重要：半生熟的蛋、肉類、魚類，還有含鮮奶油的菜餚。

烤肉在分切之前要先放一下，但一旦分切了就要立即端出，而且要

在完全乾淨的砧板上分切。

如果生菜沙拉中的食材有生有熟，熟的食材（例如馬鈴薯、麵食、豆子）要放涼之後才和生食材（例如新鮮香草）混合在一起，以免香草上的微生物快速生長。沙拉醬中的醋有抑制微生物生長的功效。

不要讓食物在室溫或適合微生物生長的溫度範圍（5~55℃）下超過4小時，天氣熱則不能超過1小時。

如果舉辦宴會或自助餐的時間超過數小時，將部分菜餚放在冰箱或是烤箱中（溫度在55℃以上，食物要加蓋），需要時再用乾淨的盤子盛裝上菜。空盤子要清洗之後再放上新菜，也可以把食物放在宴會餐爐或是一層冰上，直接上菜。

不要相信「五秒規則」（東方是三秒規則），食物掉到地板上會立即受污染。如果你無法去除受污染的表層，就丟掉整塊食物。

告知客人菜餚中含有哪些無法一眼看出卻常會引起嚴重過敏反應的食材，例如堅果、穀物、水果、乳製品、蛋和海鮮。

GUIDELINES FOR HANDLING LEFTOVERS
處理剩菜

用餐後，剩菜要盡快冷藏或是冷凍，而且要在煮好的4小時之內。如果菜已經放隔夜就要丟掉。

不要把還有餘溫的大量食物直接冷藏或冷凍，這可能會讓食物長時間處於微生物能夠生長的溫度，同時周圍的冷藏食物也會受熱而影響品質。

把還有餘溫的食物分裝到小容器，可加快冷卻速度。

把這些容器浸在冷水或冰水中以加速冷卻，減少剩菜餘溫對冰箱的影響。

冷藏的剩菜要在幾天之內食用完畢。

冷凍的剩菜要在冷藏室或是冰水中解凍。

剩菜重新加熱時，溫度至少要到 70℃，同時加蓋以避免熱能在蒸發中散去。

如果對於食物的安全有所疑慮，丟掉食物。健康遠比丟掉的食物更為值錢。

CLEANING UP AND SANITIZING
清潔與消毒

容器和餐具用過之後，當然得清洗。去除食物殘渣和微生物之後再盛裝下一批食物，才能保持安全衛生。

消毒能減少廚房中各類用具表面的微生物數量，食物在廚房中處理時才不會有安全疑慮。看起來乾淨的水槽和周圍乾燥的流理檯、瀝水架、瀝水墊、水龍頭，甚至洗碗機內部，其實都有微生物殘存。

要減少清洗的麻煩，烹調過程中可多加善用鍋蓋、擋油蓋、湯匙架等，乾淨俐落地處理食物。

在烹調時，不可省卻沖洗、浸泡和清潔的工夫。食物殘渣在變乾之前比較容易清理，無需使用太多肥皂和清水，也比較省力。

熱的自來水和清潔劑能夠有效去除並清洗廚房用具表面的食物殘渣。生蛋汁和生麵團在溫水中也比較容易軟化。

洗碗機能徹底清洗器皿和餐具，也省下不少時間。確定熱水器能夠供應足夠熱水，溫度在 50~65℃ 之間，這樣才洗得乾淨。

小心使用鹼性的烤箱清潔劑。這類的清潔劑可以清除烤箱、戶外烤架以及非鋁製鍋具上殘留的燒焦物質，但是具有腐蝕性，會傷害皮膚與衣物。

細菌會在潮濕的海綿、菜瓜布、抹布和刷子中繁殖，當你用這些工具「清潔」也會把細菌散布出去。如果聞起來有酸味，就表示裡面滋生了大量細菌。

選用快乾布料和刷子來進行大部分的清潔工作，海綿只能用來吸水。

廚房用的布巾，每一兩天就要更換，並在熱水中洗滌。擦手和擦乾器皿要用不同的布巾。

定期使用醋、家用含氯漂白劑或是沸水來消毒廚房的流理檯面。尤其是在處理完生肉、禽鳥、魚類、生長時接近泥土的蔬菜水果之後，更需要消毒。水龍頭與冰箱把手也要以同樣的方式清潔。

為廚房流理檯消毒的方式：

‧先用肥皂與熱水擦拭、沖洗然後擦乾。

‧在檯面噴上或擦上稀釋的醋（水對醋為 2：1），或是家用漂白劑（水對漂白劑為 8：1）。氯會讓木頭砧板褪色，因此砧板得用醋清潔。

‧廚具的表面自然風乾後，要再用乾淨的濕抹布擦拭。漂白劑在作用時會轉變成有毒的揮發性化學物質，因此此時要遠離廚房，並保持空氣流通。

把海綿、菜瓜布、抹布等放在沸水裡煮五分鐘消毒，也可浸在上述稀釋過的漂白劑和醋中。另一個方法是打濕之後用保鮮膜稍微包一下，放到微波爐中加熱到冒出蒸氣為止。

如果你的洗碗機有高溫消毒的程序，記得定期使用。

Fruits
are self-
preparation
food
that offer
inspiration
to cook

CHAPTER 7

FRUITS

水　果

水果天生好吃又好看，其生存任務
就是吸引動物。

水果能為日常烹調帶來靈感，讓我們知道食物可以如此美麗、不需調理就如此美味。人類的食物中，只有水果是天生好吃又好看，是植物設計來吸引人類，當然也吸引其他素食動物。水果不需烹煮，只要成熟就可以吃了。這些植物讓自己的果實看起來誘人、明亮，且香甜多汁，能吸引動物前來吃下，然後把種子散播到各處。

這樣，水果的任務就完成了。

不過，我們卻未必很容易就能得到真正美味的水果，進而獲得真實的靈感，尤其你手上的水果通常不是從樹上摘下，而是從超市的冷藏櫃中挑揀而出，那裡的水果很少處於成熟又最可口的狀態。我很幸運，有機會在小時候大口大口吃到野生黑莓，我自己也種過水蜜桃、油桃、櫻桃和無花果，我可以等這些水果在樹上熟透變軟之後才摘下來。這些水果一直是我對美味的試金石。我在數年前曾到紐約州的日內瓦市參加全美蘋果品種集會，一天之中品嘗的蘋果之多，超過我一輩子吃過的量。其中居然有含洋茴香、香蕉和玫瑰香味的蘋果。這也是重要的經驗。如果你自己或是鄰近地區沒有果園，也沒有機會參與全國等級的集會，那麼去農夫市集看一看，或是來一趟採果之旅，為自己收集一些評斷風味的試金石。

就算是能讓人獲得靈感的成熟水果，對廚師依舊是項挑戰：除了把水果洗好、放在盤子上，然後附上餐巾，你還能做什麼努力讓水果的滋味更好？是有的，例如杏子乾燥後會出現可口的外皮與耐嚼的口感，覆盆子打成果泥之後會散發出令人入迷的強烈滋味，榲桲熬煮之後會逐漸呈現紅寶石般的色澤，而蘋果煮了幾分鐘之後天然香氣便能融入醬汁。以上是對初學者的建議。

FRUIT SAFETY
水果的安全

水果可能造成的危險，主要是來自表面的殘留物。

細菌、病毒和化學物質殘留，都可能於水果的生長、採收、加工、運輸與販售過程中，殘留在水果表面。水果上的有害細菌常會帶來嚴重疾病，你無法完全依賴外觀和氣味來判斷水果是否受到污染。

光靠水洗是無法完全除去水果表面的微生物和化學殘留物。要減少危險，水果可削皮或是煮過。

不要提供沒有削皮的生水果給容易生病的人吃。

準備水果時要多加小心，尤其是生長於靠近地面的水果。沾到塵土的哈密瓜，在切開之前要用肥皂水洗乾淨。

水果要用大量的清水洗淨，如果沒有馬上吃，就要完全擦乾，好抑制表面的微生物繁殖。

水果上長黴和變色的部位，要和周圍部分的正常果肉一起去除。

削皮或切好的生水果要馬上吃，如果要放上一兩個小時就得冰起來。在水果表面噴上具有強烈酸性的檸檬汁或萊姆汁，可以減緩微生物生長的速度。

切好的水果在食用之前都要放冰箱。

脫水水果有可能以亞硫酸鹽處理過，會對氣喘或過敏者造成足以致命的反應。如果會擔心這點，購買前請注意標籤，並且購買不含亞硫酸鹽的果乾。

FRUIT RIPENING
水果的熟成

新鮮水果在完全熟成時最美味。在熟成的自然過程中，成熟的水果會變軟，風味也會增加。許多水果在成熟之後還會繼續改變，然後變得過熟，肉質變得太軟並發出怪味，最後就腐壞了。

大部分的水果是在未完全成熟時就採收販售，這樣的水果比較硬而且不容易碰傷，保存期限較長。

大部分水果的熟成過程有兩種：

樹熟型水果，這種水果從樹上或藤上採收之後，風味就不會繼續增強，所以在購買的當下就應該很美味。這些水果包括柑橘、大部分的漿果、葡萄、櫻桃、甜瓜、鳳梨和李子等。

延熟型水果，這種水果在採收之後仍會繼續熟成，風味會繼續增強、肉質會變得更軟。因此購買之後最好放上幾天，等到質地變軟、風味飽足之後再吃。這類水果包括香蕉、奇異果、芒果、酪梨、梨、桃、油桃、柿子和番茄。蘋果採摘之後也會變得更軟更甜，不過大部分人還是喜歡吃脆蘋果。

如果要加速延熟型水果的熟成，可以把水果放在溫暖處，以加快水果的代謝速度，同時以紙或是有孔的塑膠袋包起來（裡面放入一塊已熟成的水果，效果會更好），如此可提高乙烯這種能讓水果熟成的氣體濃度。水果不可以密封，否則會悶壞。

SHOPPING FOR FRUITS
挑選水果

除了少數幾種例外，最好的水果是在樹上熟成，小心摘下（以免傷及柔軟的果肉），然後一兩天內就運到市場販售。

超市中的水果大多是在堅硬且未熟成的情況下摘採，然後千里迢迢運送過去。

最好購買當地當季的水果。非當季的水果都是遠道而來，在風味尚未飽足時就摘採。

購買之前最好先試吃。水果的外觀會騙人，而減價的水果通常表示快壞了。

當心超級市場中那些外表晶亮的水果，因為這些水果通常是上了蠟以延長販售期限。外表不光亮的水果若是經過擦拭就變亮，是因為上面還留有植物自然產生的蠟質，這表示比較新鮮。

挑選中小型的水果，而且要色彩明亮、手感結實、外觀完整的，因為同一種水果中較大的通常含較多水分，因此風味也較淡。稍微掂量一下，選擇相對而言較沉的水果。家傳品種或是新品種通常比量產的標準品種更具風味，但並非絕對。

挑選樹熟型水果時，要挑選最成熟的，也就是顏色飽滿、質地柔軟、香氣四溢的那些。

避免購買發皺、質地粗糙、有凹痕、壓傷、變得黏滑或是長黴的水果。

盒裝漿果／莓果要從側面與底面觀察，如果水果有損傷、流出汁液或發霉，就不要購買。若在傳統市場，不要購買直接放在陽光下曝曬到發燙的水果。長期暴露在高溫下會讓水果無法保持新鮮。

新鮮水果上方決不可以堆放重物，重物會壓壞水果，並且加速水果腐敗。

切好的水果雖然方便，但也容易腐敗，尤其是包裝打開之後。

水果冷凍之後，風味不會改變，甚至還會增強，尤其是漿果這種採收之後很快就會變壞的水果。但冷凍也會破壞水果的質地，讓水果變得軟爛而容易流出汁液。

挑選冷凍包裝的水果時，要找放置在冷凍櫃中最低溫區域的，而且結帳前才拿，這樣解凍的幅度才會降到最低。使用野餐用的冰桶裝載這些冷凍食物回家。

脫水水果有兩種類型。一種是用亞硫酸鹽處理過，能夠保存水果的顏色、風味與營養成分。未經亞硫酸鹽處理的脫水水果通常會呈褐色，並具有一般葡萄乾的風味，這種果乾對於氣喘患者或過敏者比較安全。

購買罐裝水果時，選購浸泡在果汁而非糖漿中的。

傳統的水果蜜餞含糖量很高，質地黏稠。許多號稱糖分較低或是不加糖的蜜餞，都是以濃縮葡萄汁或其他果汁製作而成，含糖量其實和一般蜜餞沒兩樣。

STORING FRUITS
儲藏水果

新鮮水果是活的，會呼吸、釋出水分，而水分要是悶在水果表面無法散去，便會促使黴菌生長，造成腐敗。漿果類水果由於皮薄、代謝旺盛，特別容易受到黴菌摧殘。

要保存熟成的水果，重點在於減緩腐敗黴菌的生長，有時也要減緩水果的代謝作用。熟成的水果若要保存數日，先把水果從袋子或盒子中取出，一一放在能吸收水分的紙或布上。水果疊放會使水分不容易散出，而且會造成凹痕和壓傷，使得腐爛的速度加快。

熟成的水果若要保存數日以上，就得放入冰箱中的蔬果保鮮抽屜，或是放在塑膠袋中冷藏，以免水分流失。

容易壞的漿果如果要在室溫下放置一天，得分散放在墊著布或紙的大淺盤上。如果要放置更久，就把漿果連同塑膠籃放入塑膠袋中，然後稍微吹脹，漿果表面才不會碰到別的東西。

若要延緩漿果的發霉狀況（尤其是籃子中已有一些開始發霉），取一鍋 53℃ 的熱水，輕緩地把漿果放到水中攪動約 30~45 秒，然後把漿果鋪平晾乾。

完全成熟的水果若要保存數天以上，請冷藏。放到蔬果保鮮盒中，或是用塑膠袋裝，以免水分流失。

番茄要放在涼爽的室溫下，因為番茄在 10℃ 之下風味會流失。

水果在沒有完全熟成之前，不要放冰箱。低溫會破壞這些水果熟成的能力。

水果冷藏後若要恢復風味，使用之前先要拿出冰箱，放置數小時。低溫會抑制水果製造與釋放香味的能力。

新鮮水果若要冷凍數週，得先清洗乾淨，必要時切塊，並在切面覆上一些維生素 C 粉末，以減少水果的風味流失及變黃，然後把水果平鋪於烤盤再放入冷凍庫結凍。這些冷凍的水果要密封起來，以免因凍傷或冰箱本身的氣味而走味。你也可以把結凍的水果浸在高濃度的糖漿中（5~10 茶匙／75~150 公克的糖溶入 250 毫升的水）。

新鮮水果若要冷凍數週以上，先把水果放入滾水汆燙幾分鐘，如此可使水果中的酵素失去活性，否則這些酵素會慢慢產生怪味，並摧毀水果中的營養成分。

脫水水果若要存放數週以上，得密封好再冷藏。這些果乾會慢慢變黃並失去風味。

THE ESSENTIALS OF COOKING WITH FRUITS
水果烹調要點

　　水果含有大量的糖、酸、敏感的色素、具有活性的酵素等，這使得準備工作變得複雜。

　　準備工作最開始一定都要徹底洗淨水果，即使這些水果之後要去皮也是一樣。光是刀子本身，就很容易把表面的污染物轉移到內部果肉。

　　要去除番茄、核果、柑橘的果皮，可將之浸入接近沸點的熱水中汆燙。薄皮的水果汆燙 10~15 秒，厚皮的柑橘則要汆燙一分鐘。

　　切水果要用不銹鋼刀或是陶瓷刀。碳鋼刀會讓水果產生怪味並變色。

　　水果切塊的大小要約略相等，這樣才會同時煮熟。

　　要讓切塊或去皮水果的氧化和變色情況降至最低，可用抗氧化的維生素 C 來保護切面（這是最有效的方法），或使用能夠減緩氧化速度的酸。可將水果切片浸入維生素 C 片水溶液（250 毫克的維生素 C 片壓碎後溶入 250 毫升的水中）或是檸檬酸或檸檬汁溶液中，或是讓水果直接沾維生素 C 粉末、檸檬酸粉末或檸檬汁。容易氧化變黃的水果有蘋果、香蕉、桃子和梨子。

　　切好或削好皮的水果要立即處理，不然就蓋緊冷藏。

　　烹煮水果的鍋子，材質必須是不銹鋼、琺瑯鍋、陶瓷鍋或不沾鍋。水果若是接觸了鋁或鐵，有些色素就會變成藍色和綠色，同時產生金屬味。

　　水果暴露在乾熱狀態下會很快變黃變焦，這是因為水果含有大量糖分。因此水果在烘焙、煎炸和燒烤時，要使用中火。

　　有些生水果會讓明膠製成的果凍液化，並讓牛奶和鮮奶油產生苦味。這些水果包括無花果、甜瓜、鳳梨和奇異果。如果要用這類水果製

作果凍，得先完全煮熟，以去除蛋白質消化酵素的活性，然後才加入明膠。也可改用罐頭水果，或是以不含蛋白質的洋菜膠來製作果凍。

果酸和單寧會使牛奶和鮮奶油凝結，尤其是在中、高溫的情況下。

脫水水果會吸收其他食材的水分，如果不希望發生這種情況（例如在烘焙時），調理前可先將果乾浸泡在清水或其他液體中，或是稍微蒸一下。

RAW FRUITS AND FRUIT JUICES
生鮮水果和果汁

生鮮水果和果汁很容易壞，最好立即食用或冷藏。

處理生鮮水果時要仔細將雙手、器皿和砧板清潔乾淨。

水果要徹底洗淨，並且要把壓傷和發霉的部分切除掉。

要防止水果氧化變黃（尤其是蘋果、梨子和香蕉），方法是立即將水果浸入維生素 C 片水溶液（250 毫克的維生素 C 片壓碎後溶入 250 毫升的水中）或是檸檬酸或檸檬汁溶液中，或是讓水果直接沾維生素 C 粉末、檸檬酸粉末或檸檬汁。

榨汁能把水果中富含養分與風味的汁液榨取出來，留下大部分的固體結構物質（纖維）。果汁中的水果酵素和其他物質若與空氣充分混合，會使果汁迅速失去風味、色澤和養分。

生鮮水果和果汁要立即使用，或是馬上蓋緊並冷藏。

要把果汁冷凍成冰或是雪泥，請參見 438~440 頁。

FRUIT PUREES, SAUCES, BUTTERS, AND PASTES
果泥、醬汁、果酪和果糊

製作果泥得打破新鮮果肉和細胞，所產生的濃稠液體可用來製作醬汁，或是提供菜餚風味。水果中的固體結構物質可讓稀薄的液體增加稠度。

要製作出細緻滑順的果泥，得使用攪打機（果汁機）。食物碾磨器或是食物處理機製作出的果泥通常顆粒較粗。如果要讓果泥更滑順，可再加以過濾。

要降低淡色果泥氧化變黃的程度，例如蘋果、香蕉、桃子和梨子等，可以先將水果冷藏，並且在切成塊之後撒上維生素 C 粉末，再打成泥。

新鮮果泥做好之後盡快上桌，或是以保鮮膜裹住果泥表面然後冷藏或冷凍。新鮮果泥含有酵素和其他會氧化的物質，因此非常不穩定，很容易敗壞。

要把果泥冷凍成冰或是雪泥，請見 438~440 頁。

果泥煮過之後，水分會減少，濃稠度和風味則會增加。

果膏[1]、果糊或是果酪[2]是把果泥烹煮濃縮成能夠塗抹甚至固體的狀態，使用的水果通常是蘋果、梨子、榲桲和芭樂。要用文火熬煮數個小時，在不燒焦的情況下把果泥的大部分水分煮掉。

為了避免果泥燒焦，加熱時可用廣口的鍋子盛裝，放入 110℃ 的烤箱，並偶爾攪動一下。也可以用爐火加熱，然而一旦果泥開始濃縮，就

---

1. 編注　Fruit butter，作法與果醬大同小異，差別在於把水果煮得更軟爛、打得更綿密，之後再熱煮得更濃稠。英文字面雖有奶油，實際上不包含奶油。
2. 編注　Fruit cheese，含糖量是果膏的兩倍。英文字面雖有乳酪，實際上不包含乳酪。

要逐漸把火關小，並更勤於攪動與刮動鍋底。濃稠的果泥翻滾得很慢，因此比較容易黏在鍋底而燒焦。

製作蘋果、梨子和榅桲泥時，只要將柄和蒂去除，然後整顆水果下去煮。煮爛之後以壓濾的方式去除果皮、種子和果核。果皮和種子能增添果泥的風味。

DEHYDRATING FRUITS AND FRUIT PUREES
水果乾和脫水果泥

水果和果泥脫水後能長久保存，同時讓風味更強烈，還能增添咀嚼時的愉悅口感。脫水的果泥通常稱為「果泥乾」（leather）。

將水果和果泥在非常低溫的烤箱（55~70℃）中加熱，以免內部水分尚未蒸散表皮就變硬，也能避免顏色和風味受損。如果要控制得更準確，可使用電動的食物乾燥機。

將水果切成薄片，或把果泥鋪平，如此便能加快脫水的速度。

脫水水果薄片或果泥冷藏時要密封，以維持風味與質地。果乾和果泥乾會慢慢變黃、失去香氣，並且變得更硬。

POACHING FRUITS, COMPOTES
水煮及糖煮水果

　　水果在糖漿中以中溫燉煮，可保持水果的色澤和風味，並讓質地變得結實或軟綿。糖煮水果的煮液通常含有果汁，其酸度能夠減緩與控制軟化的程度。

　　把水果切成相同大小的塊狀，這樣才能均勻煮熟。果乾要先泡水或在水中煮過，好吸收水分。

　　重點在於調整糖漿濃度。低濃度的糖漿（1 杯糖加到 3~4 杯水中）能讓硬實的水果軟化，製成糖煮水果。高濃度的糖漿（2~3 杯糖加到1杯水中）能使軟的水果表面變得硬實。

　　以略低於沸騰的溫度熬煮糖漿，以免破壞水果表面。不論是以烤箱或爐子加熱都是如此。

　　不斷確認水果的硬實度，一煮好就立即離開熱源以免煮過頭。通常只要幾分鐘就能把水果煮軟或是煮硬。

BAKING AND FRYING FRUITS
烤水果與炸水果

　　烤水果與炸水果是以不同的乾熱熱源來移除水果中的水分，讓水果軟化、濃縮並發展出新的風味，同時產生甜美的焦糖香味。

　　烤箱的熱空氣內壁能緩慢而均勻地加熱，讓水果中的汁液濃縮。

　　油炸則是用熱油和金屬鍋以較快的速度加熱，能把果汁濃縮成黏稠的焦黃糖漿。

奶油能讓水果產生焦糖的香味，很適合用來油炸水果或是塗抹在烤水果上。

烤、炸水果時以中低溫進行，因為水果的含糖量高，很容易發生褐變而燒焦。

烘烤整顆水果時，得戳洞或是削去一些皮，以避免烘烤時水果突然爆開。

GRILLING AND BROILING FRUITS
燒烤和炙烤水果

燒烤（熱源在下）和炙烤（熱源在上）水果，是讓水果直接暴露在高溫火焰或電熱元件下，如此能產生焦黃甚至焦黑色的表面，並生成獨特的風味。

水果表面會快速變得焦黃或焦黑，這是因為水果的含糖量高。糖的顏色烤得越深，甜度就會越淡而苦味加深。

要讓水果表面的焦香分布均勻，可在烘烤之前塗上一層薄薄的油或奶油。

燒烤和炙烤水果的成功重點，在於表面烤得焦黃，內部也要熱透，而且這兩個過程得同時完成。

烘烤效率取決於熱源強度、水果和熱源的距離，以及水果的含糖量。

要讓燒烤過程更具有彈性，要有個高溫區域（好把水果表面烤成焦黃），以及一個中溫區域（好讓水果內部熱透）。先在高溫區域把水果烤出顏色，然後在中溫區域把水果烤透。

炙烤水果時要不斷檢查，確定沒有烤得過焦。如果水果在熱透前就

已經烤出顏色，就把水果移入烤箱烘烤。

CANNING FRUITS
製作水果罐頭

　　要製作水果罐頭，水果得在完全隔絕的情況下以高溫烹煮一段時間，殺死所有微生物，如此水果就可幾乎可以無限期地保存在糖漿、果泥和果汁之中。

　　製作罐頭水果的過程一出差錯，水果就會很快變質，對身體造成危害。如果加熱不足或是處理時不小心，還可能促進致命肉毒桿菌的生長。

　　要確實遵守值得信賴的食譜。你可以參考美國農業部的《自製罐頭完全手冊》（*Complete Guide to Home Canning and Preserving*），有紙本版，也可以從農業部的網站下載。或是確定你的食譜中有下列步驟：

- 把罐子和蓋子加熱到 80℃，或於水中沸煮。
- 把水果或液體加熱到沸騰。
- 將熱的水果密封在熱的罐子中。
- 再把罐頭完全浸入沸水，或是使用製作罐頭的壓力鍋。加熱時間視罐頭的大小和廚房的海拔高度而定。對於含酸量低的水果（無花果、木瓜）等，要採用高溫加壓的裝罐方式。
- 罐頭冷卻之後，要確定保持在密封狀態，且蓋子中央是下凹的。

MAKING JAMS, JELLIES, AND SUGAR PRESERVES
果醬、果凍與蜜餞的製作

要製作果醬、果凍和其他傳統蜜餞，水果得經過徹底加熱，並且加夠多糖，如此才能抑制微生物生長，減緩水果的腐敗速度。

水果蜜餞的主要原料通常是糖。糖所占的重量若高達 60~65%，品質會最穩定，而這也是一般可塗抹果醬的含糖量。含糖量若較低，做出來的蜜餞稠度會較低，必須放入冰箱以減緩黴菌生長。

酸和果膠也會影響果醬和果凍的稠度。果膠是水果中的天然增稠劑，需要有大量的酸才能發揮作用。水果本身可能就有足夠的酸和果膠，但也可能需要額外添加。

添加果膠對許多漿果、核果和熱帶水果而言是必要的。市售的果膠有粉狀和液狀的。要測試水果中是否含有足夠的果膠，先熬煮水果，然後將一匙的水果和三匙的醫用酒精混合在一起。如果水果的汁液凝結成固體塊狀，這種水果就含有足夠的果膠，能製成口感結實的蜜餞。

製作蜜餞的烹調過程主要有二：水果先單獨熬煮，然後再和糖一起沸煮。

首先單獨熬煮水果，或是加水一起熬煮，目的是釋放出水果的汁液，並讓果肉中的果膠變濃。如果需要添加果膠，可加入富含果膠的蘋果核或檸檬的中果皮（果肉和表皮之間的白色組織）。

要製作澄澈的果凍，得用數層細沙布來過濾熬煮好的水果和汁液，但不能強壓，只能倚賴重力。強壓過濾所製作出的果凍仍會是渾濁的。

接著，把水果或過濾後的汁液，連同糖和其他添加的果膠食材一起加熱到沸騰，蒸發掉多餘的水分，直到整鍋食材的溫度達到103~108℃（海平面）。此時水分已經蒸發得夠多，達到正確的糖分濃度了。

為了保持最新鮮的風味與果膠最佳的增稠能力，盡量縮短烹煮的時

間。長時間處於高溫和酸性環境下，果膠會分解掉。

為了縮短烹煮時間、加速水分蒸發，盡量增加整鍋食材接觸到空氣的面積。你可以用廣口的深鍋，每次只處理少量食材，如此還可避免食材沸騰時噴濺出來。

測試整鍋食材的狀況，在到達正確的沸騰溫度後，拿出少許放在冷湯匙或盤子上，冷藏 2~3 分鐘應該就會凝固。

如果沒有凝固，就把整鍋食材當成水果醬汁，一入口中風味便立即釋出，更勝果醬。也可以取出鍋中少量食材，再與果膠或酸（或兩者都加）充分混合後放入鍋中，重新煮沸。

如果要在室溫下長久保存蜜餞，把蜜餞封入消毒過的罐子，然後用水沸煮。沸煮時間則依罐子大小和廚房的海拔高度而定。可參考美國農業部的《自製罐頭完全手冊》，有紙本版，也可以從農業部的網站下載。

如果蜜餞是要在冰箱中冷藏數個星期，放到乾淨的塑膠或玻璃容器中，蓋上蓋子即可。

沒有煮過或是類似蜜餞的低糖分果醬，並無法真正長久保存，所以一定要放冰箱。這種果醬所加入的是特製的包裝果膠，製作過程短，水果的占比高過糖，因而保留了更多新鮮水果的風味。

如果要製作這類不需烹煮或是低糖分的果醬，請依照該包裝果膠所附的使用說明。

PRESERVING FRUITS IN ALCOHOL
用酒精保存水果

　　高酒精含量的蒸餾酒能夠保存水果，並賦予水果不同風味，水果也會賦予酒液不同的顏色與風味。這種水果用酒通常都是伏特加和白蘭地。葡萄酒和雪利酒的酒精濃度低，不足以保存水果，所以如果以葡萄酒來混合水果，一定要放冰箱。

　　水果要完全浸入酒中，蒸餾酒的酒精濃度約為 40%，因此酒的重量至少要與生水果相當，如此混合後的酒精濃度才會有 20%。酒精不足，水果會腐敗。

PICKLING FRUITS AND PRESERVED LEMONS
醃漬水果和檸檬

　　把水果醃漬在含有糖、醋、香料的酸甜混合液體中，能為水果增添風味。醃漬水果可以在冰箱中保存數天，若罐裝則可保存數個月。

　　製作醃漬水果時，首先要把水果徹底洗淨，切塊後和其他食材一起熬煮到軟（可能要花上數小時）。由於煮汁中含有大量的酸和糖，因此醃漬水果還是帶有結實的口感。

　　醃漬水果做好之後得冷藏或是裝罐。

　　醃漬檸檬是用鹽和檸檬本身的大量酸性果汁醃漬而成。

　　製作醃漬檸檬時，要先把沒有上蠟的檸檬洗淨，軸向切出十字，不要切到底。將這四塊相連的檸檬塊塞進罐中，撒上大量鹽巴，並在罐中

注滿檸檬汁，蓋上蓋子後，在室溫下放置數個星期，直到檸檬變軟並產生豐富的香氣就大功告成了。

確定所有檸檬都一直浸在液體中。

醃漬好的檸檬儲藏在冰箱中可以保持質地和香氣，而放在室溫中則會持續變軟並發展出更豐富的風味。

COMMON FRUITS: APPLES TO WATERMELON
常見水果：從蘋果到西瓜

蘋果有許多品種，有些結實爽脆，有些沙綿鬆軟，有些風味獨具；有些煮過之後變得更結實，有些則變得稀爛。

蘋果放在冰箱中能夠維持風味與口感。

若想先知道蘋果煮過之後的口感，可以切幾片蘋果，在微波爐加熱到軟，或是簡單烘烤一下。某些品種的蘋果在烘烤後仍能維持外形完整，如科特蘭（Cortland）、帝國（Empire）、喬納金（Jonagold）、北密探（Northern Spy）和羅馬（Rome）等品種。至於麥金塔（McIntosh）品種的蘋果，不論用哪種方式烹調都會塌掉。

杏子很容易過熟然後爛掉。若要挽救這樣的杏子，可以煮幾分鐘讓杏子變成濃稠的醬汁，或是對切之後放入低溫烤箱製成杏子乾。

市場上的杏子乾主要有兩種：淺澄色和深澄色，兩種都含有亞硫酸鹽。深澄色的風味最佳，營養成分也最高。不含亞硫酸鹽的杏子乾是褐色的，帶有一般葡萄乾的香味，市面上比較少見。

香蕉要放在室溫下才會熟成，所以還沒全熟之前不要放冰箱。冷藏會讓香蕉皮變黑，但是果肉不受影響。

芭蕉是香蕉的一個品種，熟成時沒有香蕉那麼甜、那麼軟。

如果要拿來烹調，選擇比較硬實、即將成熟的香蕉，或是用芭蕉來代替。

漿果（黑莓、藍莓、覆盆子、草莓）都是很脆弱的小型水果，可能放置幾個小時就會長黴。買了之後盡可能立即食用，並且在食用之前才沖洗。

漿果放在烤盤上可以迅速而完整地冷凍，以供烹煮之用。將冷凍好的漿果倒入冷凍用密封袋，壓出空氣後密封。漿果在解凍之後都會滲出果汁。

櫻桃連梗摘下才能保持最佳狀態。最常見的品種是甜櫻桃，酸櫻桃（莫雷洛[3]、蒙莫朗西[4] 櫻桃）則是風味獨具的不同品種，適合做派。

要增添櫻桃的風味，入菜時連著果核一起煮，不過上菜時記得特別聲明。

柑橘類水果（葡萄柚、檸檬、萊姆、柳橙、橘子、柚子等）是酸度高的水果，內部的肉瓣盡是汁液飽滿的汁囊。

大部分柑橘的香味來自於外皮，也就是包覆在白色帶苦味的髓質上方那一層分布著油脂腺的有色薄層。使用外皮時盡量不要削到髓質，然後切細或乾燥之後放到菜餚上。也可以擠壓果皮，讓帶著香氣的油脂直接噴在果汁或其他食物上。

挑選柑橘時，選擇沉甸而結實，同時皮薄而柔軟的果實。加州與德州天氣乾燥，生產出來的柑橘顏色深、風味濃。如果你要使用外皮，選擇沒有上蠟的。

如果要盡量榨出柑橘的汁液，可以先在砧板上壓著滾動一番，這樣能減弱果皮與果肉的結構。

從無子臍橙擠出的來的果汁得在幾個小時之內用掉，否則會慢慢變苦。晚侖夏橙（Valencia）等其他柳橙的果汁則不會有這個問題。

---

3. 編注　Morello，原生於歐洲和西南亞的酸櫻桃，顏色深黑。
4. 編注　Montmorency，原生於北美的酸櫻桃，顏色亮紅。

蔓越莓含有大量的酸和抗微生物化合物，可以冷藏數星期。蔓越莓的果膠含量也很高，煮個幾分鐘就能做出濃稠的醬汁。

挑選蔓越莓的時候要留意，軟的要挑掉。幾個有強烈怪味的蔓越莓，就能毀掉一鍋醬汁或是一整道菜。

海棗（椰棗）買來時大多是乾的，而新鮮海棗在不同階段則有不同口感，從爽脆到柔軟多汁都有，值得找來享用一番。新鮮海棗買回後，要在室溫下鋪平放置。

無花果很容易腐壞，因為含水量高、酸度低，有些種類（棕色土耳其[5]、教士[6] 無花果）的表皮甚至有小開口，容易讓昆蟲與微生物進入濕潤的果肉。有時候內部已經腐敗，外觀卻毫無跡象。

新鮮無花果要當日食用，否則就得冷藏或煮掉。

為了避免吃到或煮到腐敗的無花果，要先對切檢查內部。

葡萄通常會在未完全熟成時就採收，此時的葡萄質地爽脆，可冷藏數星期。

如果要找更具風味的葡萄，可以挑選已經轉黃的「綠」葡萄，或是風味較強烈的品種，例如麝香葡萄（Muscat）和康科特（Concord）種。

奇異果硬實而酸，橫切面有漂亮的花紋，適合用來做裝飾。奇異果熟成時會變得較軟、較甜，也較香。

奇異果含有草酸鹽結晶，若榨成汁、做成果泥或製成果乾，這些結晶會讓喉嚨感到不適。生的奇異果能讓明膠果凍化成液態。

芒果來自於熱帶地區，於未成熟時採收，買回家之後，甜度與香氣都還會再增加。芒果有很多品種，有些纖維很多，有的口感則像卡士達。

熱帶水果得在室溫下放到完全熟成之後，才放入冰箱。

---

5. 編注　Brown Turkey，紅棕色的外皮，略帶點淡紫，果肉呈淡紅色，適合用來製作蜜餞。

6. 編注　Mission，深黑色的外皮，果肉呈十七世紀時由方濟會教士帶入美國的品種。

甜瓜（不包括西瓜）可分成兩大類：冬季甜瓜（蜜露瓜[7]、卡薩巴甜瓜、黃金瓜、克倫肖甜瓜）的果肉通常是白色或是綠色，在低的室溫下可以保存一個月以上。

　　夏季甜瓜（羅馬甜瓜、麝香甜瓜、波斯甜瓜）的果肉通常是橙黃色，具有獨特的香氣，可放置兩週。

　　挑選甜瓜時，要找重量沉、表皮幾乎沒有綠色、瓜藤與果蒂部位稍軟的甜瓜。夏季甜瓜應該要有宜人的香氣，冬季甜瓜則幾乎不帶香氣。

　　甜瓜先用溫肥皂水清洗之後再切開，處理時盡量不要讓果肉接觸到果皮。甜瓜是貼著地面生長的，果皮可能有微生物。

　　油桃是沒有毛的桃子，較不易發霉與壓傷，質地較硬實，風味也較濃郁。

　　油桃要向當地果農購買。油桃沒熟成前就冷藏，會讓果肉乾癟鬆散。

　　挑選手感沉的油桃，完全熟成後才能冷藏。

　　木瓜是熱帶水果，分成兩大類：小型的黃色果肉，以及大型的橙紅色果肉。未熟成的木瓜味道清淡、口感爽脆，刨絲後可以做成泰國料理中的涼拌木瓜。熟成的木瓜肉質軟而帶著香氣。生木瓜會讓明膠製成的果凍化成液體。

　　挑選木瓜時，表皮要幾乎不帶綠色，並有明顯的柔軟斑點，這表示果肉即將熟成了。

　　木瓜要儲存在室溫之下，切好之後才放冰箱。

　　木瓜種子有旱金蓮花的味道，可製作成氣味溫和的辛辣調味料。

　　桃子是最脆弱的水果之一，很容易就壓傷和發霉。拿取的時候要輕柔，也不要層層堆放。

　　桃子要向當地果農購買。桃子在未熟成之前就冷藏，會讓果肉乾癟鬆散。

　　選擇手感沉的桃子，在熟成之後才放入冰箱。

---

7. 編注　又稱白蘭瓜

梨子要好吃，就必須在硬實的時候摘下，然後於陰涼的室溫中放到熟成。若開始熟成時才摘採，梨子的肉質會變得鬆散。

向本地果農購買當季的梨子。梨子倘若在熟成前就冷藏，果肉不但會發黃，果核附近的果肉質地也會變得鬆散。

讓硬實的梨子在陰涼的室溫下熟成。溫暖的溫度會使得梨子果肉變得鬆散，所以要熟成之後才冷藏，並且只能保存一兩天。梨子熟成後很快就會變質。

柿子的風味清淡，主要分成兩類。底部尖凸的八屋柿在尚未變得非常軟之前，會澀到無法入口。底部平扁的富有柿就不會澀，可趁脆吃。

要去除硬八屋柿的澀味，可放入真空包裝，並在40℃左右的環境中放置24小時即可。

如果要製作傳統深色的柿子布丁，可以烘焙用小蘇打來膨發麵團，然後煮上幾小時。如果要做出橙色布丁，用一般的發粉，然後煮到熟即可。

鳳梨是熱帶水果，在熟成之前就會採收，然後運送到遠方販售。鳳梨採收後會持續變軟，但風味不會變得更好。

不同部位的鳳梨，風味的平衡度也不同。底部最甜，外層最酸。

挑選外皮顏色黃、香味足的鳳梨。鳳梨的底部會最先熟成，因此要注意底部是否已經長黴。

菜餚中若有明膠或是乳製品，就不要放入生鮮鳳梨，因為鳳梨中的**酵素**會使得明膠無法凝結，並讓牛奶產生苦味。鳳梨煮過之後，酵素活性便會消失。

李子有兩大類，日本品種通常較圓而多汁，皮非常酸。歐洲品種身形較長、水分較少而且較甜。杏梅果實大而多肉，是梅李和杏子的混種。

如果要拿來烘焙，使用歐洲種的李子，日本種的水分太多。

不要一次吃太多李子，李子含有會造成腹瀉的糖類。

石榴的外皮有如皮革，內部有許多精細的小果，每顆小果都含紅色的果汁和一個種子。

要乾淨俐落地取出石榴的小果，可以在石榴的外皮劃一刀，然後把整顆石榴浸到水中，剝開外皮，再輕輕把小果與石榴的內膜分開。

　　榲桲是蘋果與梨子的近親，具有香味，果肉硬實而帶澀味，加熱之後才能變軟去澀，可再繼續烹煮成結實而能夠切片的果塊（例如義大利的水果凝凍cotognata和西班牙的membrillo）。

　　若想加重榲桲的風味，可以把果皮放下去一起煮，必要時再濾掉。

　　若要讓榲桲灰白的果肉呈現出紅寶石般的紅色，可用淡糖漿慢慢熬煮數小時。

　　大黃不算是真正的水果，而是帶有大葉子的葉柄，味酸而多纖維，樣貌有點類似芹菜。大黃的品種有紅有綠，儲存的方式和一般蔬菜一樣：放冰箱。

　　挑選柄細而纖維小的大黃，若是葉柄很粗，要把堅硬的纖維剁掉。

　　要維持大黃原有的顏色和外形，烹煮的時間要短、加入的水要少。大黃只要煮超過幾分鐘就會開始崩解。

　　西瓜果肉有多種顏色，裡面的種子有的發育完全，有的不完全。那些「無子」西瓜其實是含有很小的未成熟種子。西瓜採收之後風味就不再變化了。

　　挑選手感沉的西瓜。外皮帶一些黃色的，就表示果實已經熟了。

　　西瓜先用熱肥皂水清洗之後再切。西瓜生長時緊貼著地面，表皮可能帶有微生物。

　　西瓜的冷藏時間不要超過數日，因為西瓜是溫暖氣候區的水果，容易變軟。

Naturally
unpleasant
vegetables
call for
cook's
modification

CHAPTER 8

VEGETABLES AND FRESH HERBS

蔬菜與新鮮香草

植物的生存任務就是讓自己不討喜，而廚師的責任就是以烹調來改變、卸除或遮掩植物的武裝。

蔬菜不如水果香甜柔軟，也較不易獲得青睞，所以廚師的責任，就是把那些塊莖、柄和葉子變得好吃。這是由於植物本身的生長任務就跟水果大相逕庭，水果必須悅目可口，而植物為了盡全力保護自己，多半得讓自己變得不討喜。

許多蔬菜以及用來為菜餚增添風味的新鮮香草，其風味正是為了警告、防禦和阻嚇昆蟲或其他動物所產生的化學物質，用來保護自己免於被吃掉。這種現象在一些風味強烈的食物中更是明顯，例如蒜、洋蔥家族，有苦味的菊苣、芥菜、櫻桃蘿蔔，還有甘藍家族以及辣椒。然而，就連萵苣、菠菜和朝鮮薊的「草青味」，菇蕈和甜菜的「土味」，也都來自用來刺激或抵禦動物的化學物質。我們可以經由烹調來改變、卸除或遮掩植物的武裝，進而享用這些食物。至於香草則主要用來調味，都是混入其他食材中，所以我們食用的量不多。

除了少數有種子的水果（特別是番茄）被我們拿來當成蔬菜，大部分的蔬菜都不像水果會熟成。蔬菜從種子發芽之後到纖維太多嚼不動之前，都可以食用。我們在市場上（包括傳統市場）看到的蔬菜，大多是在可食用期限的後期才採收，此時蔬菜長得較大，而且耐放。後來我有機會自己種菜，在整個蔬菜生長期中，我每隔一兩天就去採收、食用，才注意到大片的蘿蔓萵苣葉嘗起來滿老的，也發現中等大小的荼菜和綠葉甘藍和一般常見超大型的味道截然不同，只要煮幾分鐘，就會變得柔軟、香甜且清淡。

所以挑選蔬菜要和挑選水果一樣仔細，才能夠將蔬菜極端多樣的風味、口感、形狀、顏色與可能性，在烹調上發揮到極致。

VEGETABLE AND HERB SAFETY
蔬菜與香草的安全

蔬菜與香草最主要的安全問題出在微生物。這些植物在田裡生長，而採收、清洗、包裝與販售時，都可能有微生物附著。蔬菜與香草上的有害細菌每年都會導致疾病爆發。

你無法光靠觀察或嗅聞，來察覺蔬菜和香草是否受到污染，即使是放在外表光鮮、乾淨的包裝袋中也是一樣。

蔬菜和香草上的微生物無法靠清洗來完全消除。

擔保蔬菜和香草安全的唯一方式是煮熟。

不要給身體病弱者食用生的蔬菜和香草（包括生菜沙拉）。

處理與端出生鮮蔬菜和香草時要小心。若有長黴或變色的部位，要連著周圍完好的部位一起摘除，並用大量清水沖洗乾淨。

處理好的生鮮蔬菜和香草在端上桌之前都要維持低溫，包裝好的預切蔬菜也是。

盡量別讓香草葉接觸到切口，尤其如果切口一直處於潮濕且容易滋生微生物的狀態。先切除莖桿，再清洗與切碎葉子。

生的蔬菜香草處理完畢之後，要用溫的肥皂水清洗雙手、刀具和砧板。

馬鈴薯在光照下會累積有毒化合物，芹菜在不利的生長環境中，會累積有毒化合物。

馬鈴薯如果轉綠，代表外皮已出現有毒的植物鹼，要先削除很厚一層皮之後才能食用。綠色的馬鈴薯不能拿來做烤馬鈴薯皮鑲料。

芹菜若凋萎得很嚴重，便可能含有引起皮疹的化合物，丟掉勿食。

SHOPPING FOR VEGETABLES AND HERBS
挑選蔬菜與香草

新鮮蔬菜與香草是活的，會呼吸，而所有生長在地面上方的蔬菜看起來也必須如此。（生長在地面下方的根菜類或洋蔥看起來像是休眠，這是正常的）。剛採收並經過仔細處理的新鮮蔬菜，品質最高。

特大的蔬菜通常都是最成熟的，口感和風味比較粗糙。

幼小的蔬菜通常都還未成熟，風味溫和，價格昂貴。

可選購的蔬菜與香草：顏色要夠深、結實、外觀完整、莖部切口要新鮮。

不要選購的蔬菜與香草：看起來沒有光澤、起皺、有凹痕或壓傷、有黏液、發霉、變黃、切口變乾，或是發芽。可以選購新鮮但是有點凋萎的葉菜類，這類蔬菜比較柔軟，在處理時較不易斷裂和受損，只要泡水就可以恢復生氣。

在傳統市場中，不要購買直接受到太陽照射、摸起來溫熱的蔬菜與香草。

預切蔬菜雖然方便，但比完整的蔬菜更容易腐敗，而且通常都是凋萎的。預切蔬菜使用之前，先放入冰水中以恢復生氣。

冷凍蔬菜的品質通常不輸新鮮蔬菜，甚至更好，尤其是採收後容易流失風味與軟嫩的蔬菜種類，例如豌豆、萊豆和甜玉米。

挑選冷凍蔬菜時，要在結帳之前才從冷凍庫中最冷的區域拿取。冷凍食品得放在同一個袋子中，並放置在保冰桶中運送回家。反覆解凍與冰凍會破壞冷凍食品的品質。

STORING FRESH
VEGETABLES AND HERBS
儲藏新鮮蔬菜與香草

　　新鮮蔬菜與香草在耗盡有限的水分和養分後，品質就會逐漸惡化，因此儲藏蔬菜與香草的目標，就是減緩新陳代謝與水分流失，以降低變質速度。

　　番茄與酪梨是果實，成熟之後才能減緩新陳代謝。可以裝入紙袋，以集中果實的催熟氣體（乙烯），並放置在溫暖的地方。

　　蔬菜與香草大多要放置在冰箱的蔬果保鮮抽屜，或是用塑膠袋包起，以免水分流失。蔬菜與香草在存放之前，先去除受損部位、橡皮筋或帶子等。塑膠袋要稍微吹氣膨脹，減少蔬菜或香草與袋子接觸的面積。蔬菜釋放出的水分會累積在接觸的部位，造成水傷。農產品要保持濕氣，但不能沾濕。

　　對低溫敏感的蔬菜和香草要儲存在涼爽的室溫下，以避免損壞或發芽。這些蔬菜包括番茄、未成熟的酪梨、洋蔥、蒜、羅勒。馬鈴薯在冰箱中會累積糖分，油炸時容易褐變，若要油炸就不要放冰箱。

　　香草要連莖一起保存，包括香芹、芫荽、蒔蘿等，並解開金屬帶或橡皮筋，把莖的末稍切掉，清洗之後用濕紙巾包起，用塑膠袋裝好後放入冰箱。或摘除較下方的葉子，切掉莖的末端，露出新鮮的切面來吸水。把莖浸入水杯，然後用稍微吹脹的塑膠袋連同杯子一起套起。

　　大部分的香草都要存放冰箱，對低溫敏感的羅勒要在室溫儲放。

　　生長在乾燥氣候的香草的儲存方式：月桂葉、奧勒岡、迷迭香、鼠尾草、百里香等，儲藏之前先稍微輕洗，鋪放在盤中，於室溫下風乾數日。若遇到潮濕氣候，可用低溫烤箱或食物脫水機快速讓香草脫水。

　　如果要冷凍蔬菜，蔬菜要先以汆燙殺菁，以抑制植物中的酵素，冷凍後才不會產生異味、變色，維生素也才不會流失。蔬菜洗過、切好，

這樣加熱才會均勻快速，然後把蔬菜放入滾水沸煮2~3分鐘，再立即放入冰水冷卻，拍乾冷凍。

冷藏時用保鮮膜包緊，以擋住冰箱異味，也避免凍傷而產生異味。

新鮮香草如果要冷凍，先洗淨、拍乾，然後放在盤子或烤盤上迅速冷凍，之後再用保鮮膜緊緊包起。這種保存方式可以完整保留香味，但香草在解凍時會變黑、鬆軟、潮濕。

用油保存香草或用香草製作調味油時，要小心防範肉毒桿菌的生長，這種細菌能在沒有空氣的狀況下繁殖。香草洗淨後晾乾，蒜瓣要先用醋泡過。裝油的容器要放在冰箱中溫度低於4℃的角落，香草和油都要在數週內用完。

SPROUTS AND MICROGREENS
芽菜、芽苗和微型蔬菜

芽菜和微型蔬菜都是非常嫩的蔬菜，只需種植幾天，風味比成熟蔬菜清淡，口感鮮美爽脆，通常生吃。

芽菜是常引起食源性疾病的食物，發芽的種子表面濕潤，細菌容易在上面生長。

體弱多病者忌食生的芽菜。

培育芽菜和微型蔬菜的方法：

‧購買專門用來食用的芽菜種子，而不是用拿來種植的種子。園藝用種子可能經過化學藥品處理。

‧把種子浸在水中數小時，然後沖洗瀝乾。

‧把種子放入發芽罐，置於陰涼處，不能受到光照，直到冒出芽來。每日清洗種子數次並瀝乾，以避免微生物繁殖。

芽菜和微型蔬菜採收後要立即食用，不然就得冷藏在冰箱中最冷的角落，並在食用前完全煮熟。

RAW SALADS
生菜沙拉

生菜沙拉做起來簡單，但是某些細節若能多加留意，口感會更好。

將菜葉、新鮮香草和其他食材清洗數次，直到水澄清而且沒有沙粒為止。摘除壞掉的菜葉。

切菜葉的刀子要鋒利，或是用手將葉片撕成小片。刀子太鈍或是強力擠壓都會損壞葉片，使得菜葉邊緣變黑、長斑。蔬菜其他部位則切成一口大小。

把菜葉和其他食材浸在冰水中 15 分鐘，水和低溫都能讓食材更加爽脆。

沙拉醬需要冷藏或冷凍，好增加稠度，才更容易沾到葉片上。碗也要事先冷藏，讓生菜沙拉在處理與上桌時能夠保持低溫。

要徹底擦乾菜葉，可用菜葉脫水器或是紙巾。

上桌前才淋上沙拉醬，分量足以薄薄地覆蓋食材即可。

如果生菜沙拉要放在桌上很長一段時間，最好使用美乃滋或其他水基沙拉醬，油基的油醋醬容易讓葉子凋萎變黑。

要迅速平均地淋上沙拉醬，最好用手攪拌與感覺（攪拌前用溫肥皂水把手洗乾淨）。

THE ESSENTIALS OF COOKING VEGETABLES AND HERBS
蔬菜與香草烹調要點

烹煮的過程通常會讓蔬菜變軟、顏色加深、微生物減少，同時使蔬菜中某些營養成分容易吸收，但也會減少另一些營養成分。

烹煮溫度高、烹調時間短，通常能得到最好的結果。蔬菜組織在85℃時會慢慢變軟，100℃ 時則迅速變軟。蔬菜煮過頭通常會變得軟爛且出現異味。薄菜葉通常一兩分鐘就可以煮熟。

有些蔬菜要很久才能煮軟，甚至無法完全煮軟。甜菜、荸薺、竹筍、蓮藕和許多菇蕈原本就質地堅實。馬鈴薯和某些蔬菜在60℃的溫度下烹煮一陣之後再煮滾，可以保持堅實的口感。烹煮時，加入酸性液體通常也會減緩蔬菜變軟的速度。

蔬菜要煮得恰到好處，就要不斷試吃，在口感到位時立即起鍋。

蔬菜切成約略相同的大小，這樣就會同時煮熟。

切好或是削皮的蔬菜容易變黃（例如馬鈴薯和洋蓟），若要減緩變色速度，可放進加了檸檬汁或維生素 C 的冰水中，或是撒上檸檬汁或維生素 C 粉末。

把綠色蔬菜切成5分鐘內能煮熟的大小，烹煮時間長，葉綠素的色素就會褪掉。大片的成熟菜葉與葉柄和主要葉脈要分開煮，如此會更快煮熟。

綠色蔬菜煮過之後無需泡在冰水中「急速冷卻」以「保持顏色」。餐廳使用這種作法是因為蔬菜煮過或蒸過之後，會堆放在濾鍋上，此時殘餘的熱會繼續烹煮，讓蔬菜褪色。何況蔬菜一旦經過急速冷卻，上菜時還是得加熱，這個過程依舊免不了會讓蔬菜褪色。

在家裡，剛煮好的蔬菜要降溫到適合上桌的溫度，方法是裝到碗中然後拌入其他食材，接著直接上桌即可。

任何一種酸都會讓葉綠素褪色，如果綠色蔬菜的沙拉醬中有酸性食材（醋、番茄、檸檬或其他果汁），上菜之前才淋上。

　　若要防止蔬菜煮熟之後表面發生皺縮，例如蘆筍、四季豆、胡蘿蔔和玉米等，可在煮好之後立即淋上些許油或奶油，如此便可避免熱蔬菜因為水分蒸發而皺縮。

　　冷凍蔬菜在烹煮之前大多不需要解凍。冷凍菠菜等結構脆弱的葉菜很快就能煮熟，若要解凍，讓蔬菜塊足以剝下即可。

　　香草很少單獨料理，通常是因為風味太強烈，或是在烹調過程中很容易消失。

　　香芹（歐芹）打成泥可保留風味和顏色，但是芫荽一經如此處理香氣便會消失，至於羅勒則會變黑。殺菁法是讓蔬菜在滾水中燙個幾秒鐘，可以維持蔬菜鮮綠，但會讓香氣流失。

　　香草葉子稍微炸過，大多會變得半透明而有酥脆口感。鼠尾草和奧勒岡炸過之後刺激的味道會減弱，羅勒和香芹則能保留一些原始香氣。大部分的香草葉用 175℃ 的油炸幾秒鐘即可。不要把葉子壓到鍋底，這會讓葉子產生一塊塊褐變。

BOILING VEGETABLES
沸煮蔬菜

　　沸煮蔬菜就是用 100℃ 的水直接加熱蔬菜。不過在高海拔地區，水的沸點會下降，烹煮時間也會拉長。

　　沸煮的優點是蔬菜會很快熟，有助於保留維生素 C 和葉綠素的明亮綠色。

　　沸煮的缺點是要煮沸一大鍋水，耗時費能，而且有些營養成分會流失到水中。

沸煮之前蔬菜不要切太細。風味和養分會經由切口流失到水中。

要先煮一大鍋水,這樣蔬菜下鍋時水溫才不會下降得太快。一公斤的蔬菜要用六公升的水來煮。

在水中加鹽,每公升的水加入 30 公克的鹽(約兩匙粒狀食鹽或四匙片鹽),以減緩蔬菜中的營養素流入水中,並能加速軟化植物的細胞壁。鹽不會提高水的沸點,或是讓蔬菜變硬。

煮菜的水要先煮到大滾,加入蔬菜之後盡快讓水再煮沸,以減少蔬菜酵素的破壞程度。稍微蓋住鍋蓋,減少水分蒸發所帶來的冷卻效應,同時把火轉小,以維持穩定的沸騰狀態。

要不斷試吃,或是用刀尖戳戳看,如果蔬菜夠軟就要立即撈起。

若要維持蔬菜漂亮的顏色,沸煮的時間不要超過 10 分鐘。如果有必要,把蔬菜切成小塊可縮短烹調時間。

綠色蔬菜在中性或是鹼性水中較容易維持綠色。如果你煮的蔬菜在 5~10 分鐘內就變黃了,可在水中加入少量小蘇打。如果加太多,蔬菜很容易軟爛。

有些蔬菜最好不要全程煮沸,口感才會更堅實。

水煮馬鈴薯或其他澱粉類蔬菜,要放到冷水中開始煮,同時水中加入少許檸檬汁或是塔塔粉,讓水帶些酸性,再慢慢加熱到 80~85 ℃。這個方法可讓這類蔬菜煮熟時,表面仍維持完整。

根菜類蔬菜若要保持堅實與完整,好作為沙拉食材,可先切成小塊然後在 55~60℃ 的溫度下煮 30 分鐘,再放入冰水冷卻 30 分鐘,最後在滾水中煮軟。

剛煮好的蔬菜濾掉水分之後,因為會釋放出蒸氣而流失水分,因而縮小發皺。要避免這種狀況,可在蔬菜淋上適量的油,讓油包覆著蔬菜表面。

STEAMING VEGETABLES
蒸煮蔬菜

　　蒸是用水蒸氣來烹煮蔬菜，溫度相當於水的沸點。蒸的時候，食物放在架子上，下方有滾水，上方則蓋上鍋蓋。

　　以蒸來烹調食物有兩項優點。第一，蒸比沸煮更有效率，只需一兩杯水，不用煮一整鍋水。另外，蔬菜組織流失的養分與風味物質也比較少。

　　蒸也有兩項缺點。由於水蒸氣的密度比水低，因此蒸煮所耗費的時間也比沸煮的稍長。另外，水蒸氣溶解細胞壁的效率也較低，因此老和堅韌的蔬菜比較不容易蒸軟。

　　一開始就要放入足夠的水，以免水燒乾了而燒焦鍋底。如果蒸的過程超過 10 分鐘，要檢查水量，必要時加入熱水。

　　水沸騰之後，才將蔬菜放入蒸鍋。蒸的溫度在沸點以下，會讓維生素流失得更多，並且讓葉綠素變色。

　　不要把蔬菜塞滿蒸鍋，否則蔬菜會無法均勻接觸蒸氣，也就無法均勻煮熟。

　　蔬菜要放得鬆散，攤平或是鬆散堆疊，也可使用多層蒸架，好讓蔬菜的表面都能接觸到蒸氣。如果葉菜蒸軟而塌成一團，就再攤開來。

　　蓋子要蓋緊，讓蒸氣留在鍋中。

　　用中火加熱，看到一縷蒸氣持續從鍋蓋邊緣冒出來就可以了。大火並不會提高蒸氣的溫度。

　　檢查有沒有煮熟時要小心，先把火關掉，蓋子往外打開，讓蒸氣先冒出來。要用長柄食物夾或是隔熱手套，不要空手直接伸入鍋子中。蒸氣會立即造成嚴重燙傷。

　　剛蒸好的蔬菜會冒蒸氣而流失水分，產生皺縮。要避免這種狀況，可加入適量的油來包覆蔬菜表面。

MICROWAVE-COOKING VEGETABLES
微波爐烹調蔬菜

微波爐加熱用的高頻率無線電波能夠穿透食物 2 公分以上，而在穿過玻璃、陶瓷與塑膠容器時，能量幾乎不會被吸收，所以蔬菜從微波爐取出後，便能直接上菜。

用微波爐來烹煮少量蔬菜，不但快速又有效，而且還比沸煮和蒸煮更能保留蔬菜的維生素和風味。

微波爐烹調的缺點是不易檢查熟度。

蔬菜切塊的厚度不要超過 2.5 公分，如此加熱才能均勻。朝鮮薊和玉米則可整顆放入微波爐。

蔬菜先以水、油或是奶油稍微攪拌，以免蔬菜在微波加熱的過程中乾掉。

把蔬菜攤平或是鬆散堆疊，好均勻接收微波。

盤子上要加個蓋子、盤子或保鮮膜，並且留些空隙，如此烹煮時才能留住蒸氣，加快烹調速度，也可以避免蔬菜乾掉。保鮮膜和食物不要直接接觸，以免保鮮膜上的殘留物沾到食物上。食物也不可以蓋太緊，否則蒸氣的壓力太大會把蓋子衝開。

用高功率來烹調蔬菜，以快速加熱。

微波爐中的轉盤能讓食物均勻受熱，或是每隔幾分鐘就停下微波爐，攪拌之後再繼續加熱，這樣蔬菜才能均勻受熱。

打開遮蓋物的時候要小心，**避免被冒出的蒸氣燙傷。**

PRESSURE-COOKING VEGETABLES
加壓烹調蔬菜

用壓力鍋烹調蔬菜時，不論液體或是蒸氣的溫度都比沸點高出許多，大約是 120℃，這是軟化蔬菜的最快烹調方式。

壓力鍋很適合用來煮甜菜或是胡蘿蔔之類的結實蔬菜，幾分鐘就能煮好，也很適合烹煮口感柔軟的菜餚（例如蔬菜泥）。但是一整顆大型蔬菜就不適合了，通常食物中心熟透時，外面已經煮過頭了。

用壓力鍋烹煮的缺點：速度快而容易讓蔬菜煮過頭、每次開鍋檢查都得先讓壓力下降，若要再加熱也比較麻煩。

一定要使用計時器，一旦食物變質就要立即停止烹煮。若要讓蔬菜外型維持完整，得讓鍋子的溫度與壓力慢慢下降。迅速降溫與減壓會使得食物內部突然沸騰而讓食物裂開。

BRAISING AND STEWING VEGETABLES
燜燉蔬菜

燜燉蔬菜會產生風味十足的汁液，成為整道菜餚的一部分。這種烹調方式能夠軟化蔬菜，並且讓液體與蔬菜的味道彼此滲透。

蔬菜和肉類一起煮，往往成效不佳。傳統的長時間燜煮中，水一直將沸未沸，這樣能讓肉變軟，卻會把蔬菜煮得糊爛。現代的低溫燜煮則無法煮熟蔬菜。

要燜煮出可口的蔬菜，就是要同時注意蔬菜和肉類的口感。

傳統燜煮是讓菜餚處於接近沸騰的溫度，從最一開始就得不時檢查蔬菜煮熟的程度，一旦煮得差不多便得立即取出。倘若有多種蔬菜一起燜煮，每次取出一種，上桌前再放回去燜。也可以在最後30分鐘才把新鮮蔬菜放入。

現代的燜煮方式中，燜肉的溫度大約在 65~70℃之間。可以在接近沸騰時先煮熟蔬菜，撈出後再煮肉；或是先把肉燜煮好取出，然後提高溫度把蔬菜煮熟。

MASHING AND PUREEING VEGETABLES
搗碎及研磨蔬菜

搗碎及研磨蔬菜，是把蔬菜組織打散成一團細胞碎片和液體，使用的工具可以是研缽、食物研磨器、食物處理機、果汁機。依照固體碎片與液體的比例不同，有可能產生鬆軟的糊狀物，例如馬鈴薯泥；或是濃稠均勻的液體，例如花椰菜泥。

要製作口感最滑順的蔬菜糊和蔬菜泥，必須把蔬菜煮得非常軟，再以果汁機打碎，然後以細目篩網過濾。不要擔心蔬菜煮過頭，因為重點是徹底破壞食物結構。

不要用機器處理或攪拌馬鈴薯等澱粉質蔬菜，機器的刀片會削斷澱粉顆粒與分子，形成一團稀薄而膠著的泥團。

番茄含有大量水分，番茄泥會分成濃稠和稀薄的部分。

要製作濃稠度均勻的番茄泥，就要移除多餘水分。將番茄放入廣口鍋，不加蓋慢慢熬（可用爐子或是中溫烤箱）。或是濾去稀薄的部分，

過濾出的水放入小的平底深鍋迅速濃縮，然後再加回濃稠的部分。或是在製作番茄泥之前先將新鮮番茄切成兩半，放在低溫烤箱中將番茄烤乾。

青醬是綠色的香草泥，通常使用新鮮的羅勒葉，加入油來稀釋，通常還會加入蒜、堅果和乳酪。破裂的葉片組織會改變風味和顏色。

製作青醬時如果要保留更多香草的原始風味，就用研缽大致壓碎，讓小塊的葉片組織能夠保持完整。

要降低青醬的變色程度，製作時只用葉子，不要用到莖。以殺菁法用滾水將葉子稍微燙個幾秒鐘，可以減少變色，但也會減少風味。

FRYING, SAUTEING, SWEATING, GLAZING, AND WILTING VEGETABLES
用油烹煮蔬菜：煎炸、炒、慢炒、油燜和皺縮

許多烹調方式（煎炸、炒、慢炒、油燜、皺縮）都是以熱煎鍋配合少許油脂把菜煮熟。

煎炸和炒都是用不加蓋的高溫油鍋來烹煮蔬菜，讓蔬菜因水分迅速蒸發、表面變乾而變得焦黃，產生獨特的油炸風味。炒的時候，把蔬菜切成小塊，在鍋中不斷撥動，以快速煮熟。

蔬菜要煎炸得均勻得非常注意，因為蔬菜在煎炸時會滲出含糖湯汁，很快就會焦掉。

翻炒是在高溫下快速炒動，以產生獨特的風味。

慢炒是讓蔬菜在低溫的鍋子中烹煮而變軟，表面依然濕潤而不會焦黃。

油燜蔬菜分成兩個步驟：首先在中溫的鍋子中加入蔬菜、油脂以及

少量的水（或是不加），然後蓋上蓋子；基本上就是用蔬菜本身的水分來將蔬菜煮軟。第二步是打開蓋子，把大部分的水煮掉，在蔬菜表面留下一層奶油狀附著物（由乳化的水氣和油構成）。

皺縮是在熱油鍋中放入嫩葉菜，稍微加熱一下即可煮軟，菜葉體積會減半或是縮小。不用擔心菜葉在鍋裡堆得太滿，菜葉很快就會縮小了。

煎炸蔬菜有兩種方式，一種是保持鍋子高溫，鍋中不要堆滿蔬菜，也不累積多餘液體。

另一種方法烹飪書通常不會推薦：在鍋中放滿蔬菜，蔬菜無需瀝乾，待蔬菜上附著的水分在熱油中蒸發殆盡，蔬菜便開始油炸。第二種方式適合容易出水的菇蕈和茄子，因為這類蔬菜在乾的時候炸很會吸油，運用第二種方式能讓蔬菜少吸一些油。

乾煎炸或乾炒蔬菜的方式：

．把蔬菜的表面弄乾。

．預熱鍋子到 200℃，先放油再下蔬菜。

．一開始用大火，然後調整火力到鍋中滋滋作響，這樣水分就會持續快速蒸發。

．鍋子不要蓋起來，或罩上擋油蓋，也可以讓鍋蓋半掩，好讓水蒸氣冒出。不斷攪拌翻動蔬菜，好煮到每一面。

用最少的油來煎炸蔬菜：

．在冷鍋中加入少量的油以及蔬菜，然後開火。

．開始積湯汁時，移開蓋子，把火開大，把水煮乾。

．如果油滋滋作響，就把火轉小，炒到褐變均勻為止。

翻炒蔬菜的方法：

．使用無塗層的金屬中式炒鍋，這種鍋子能夠耐受高溫，形狀適合持續翻動食材。大部分的不沾鍋表面都無法耐受翻炒蔬菜的高溫。

．將炒鍋預熱到 230~260℃ 的高溫，此時加入一滴油，就會立即冒煙。

．加入食用油，再放入切塊蔬菜（能在一兩分鐘內煮熟的大小）。

· 持續攪動蔬菜到熟透為止。

DEEP- AND SHALLOW-FRYING VEGETABLES AND HERBS
油炸蔬菜與香草

深炸與淺炸蔬菜時，把蔬菜放入能讓水分蒸發且產生褐變的高溫油中。深炸是材料全部浸入油中，淺炸則是一半浸入油中。如果要兼具酥脆的外皮和濕潤的內裡，蔬菜表面要能透氣，才能讓水分蒸乾而變硬；裹上麵糊或麵包粉也可。

蔬菜要油炸得漂亮，重點在於油溫，而油溫則視食材大小及熟透所需的時間而定。190℃的高溫只需數分鐘甚至數秒鐘就可以炸透小塊食物。170℃的油溫則適合炸大塊食物，速度也比較慢。

用新鮮而無顯著風味的油來炸，以凸顯蔬菜最佳風味，並減少外皮所吸的油。

炸鍋要夠大，食材下鍋的時候油泡才不會溢出。

油鍋內不要一次下太多蔬菜，這會使得油溫下降太快，減緩油炸速度，炸出來的蔬菜會吸入較多油。每次炸適量就好。

時常檢查油溫，調整火力好維持所需溫度。剛開始炸的時候火力要大以維持溫度，之後便可轉小。炸油中累積的雜質能提高導熱效率，因此即使在同樣的溫度下，後面幾批食物的油炸速度仍會比前面快。

要減少蔬菜外皮的吸油量，得使用新鮮的油，蔬菜炸好後要甩一下瀝油，然後立即放在紙巾上。食物一冷卻就會吸收大量的油。

蔬菜裹上麵包粉或是麵糊油炸，會產生焦黃香脆的外皮。

若要讓麵糊沾牢，可先在濕潤的蔬菜表面撒上麵粉。

要讓蔬菜牢牢沾附乾麵包粉，先在蔬菜塊上撒上些許麵粉，再浸入牛奶或是蛋汁，最後裹上麵包粉。

讓裹上麵糊的外皮更加清爽酥脆：

．用一些在來米粉或是玉米粉取代麵糊中的小麥麵粉，可減少讓表皮變韌的麩質（麵筋）。

．可以加入一些雙效發粉，讓油炸時產生氣泡，使表皮麵糊更為酥鬆。

．製作麵糊所需的液體中，一半以伏特加酒來取代。酒精會減少麩質的形成，而且會很快蒸發，使得麵皮乾燥。

想炸出天婦羅般不整齊的外皮，用冰水、雞蛋和麵粉調製麵糊，盡量不要攪動，並立即使用。如果麵糊變稠了，就製作新的。

BAKING OR OVENROASTING VEGETABLES
烘焙及烘烤蔬菜

烤箱溫度大多在 90~250℃，以熱空氣與烤箱內壁發出的熱輻射來加熱，因此是用非常慢的速度在烹煮蔬菜。低溫烘烤能使蔬菜變乾、風味濃縮；高溫烘烤則能使表面焦香，而內部維持濕潤。

蔬菜要烤得漂亮，重點在於烤箱溫度，而溫度則視食材大小及熟透所需的時間而定。

在蔬菜表面塗上油脂，可以加快烹調速度，並讓表面香酥。沒有塗油的蔬菜表面會變得老韌，還會沾黏在平底鍋上。

把蔬菜放到平底鍋中，從上方與側面均勻加熱。蔬菜底面與平底鍋接觸，因此會發生油煎，褐變的速度也較快。

偶爾翻動，好讓褐變均勻。

高溫烘烤時要注意。不少蔬菜都含有大量糖分，因此接觸到鍋面、靠近加熱元件的部位都很容易燒焦。

要烤乾蔬菜以濃縮風味，又要避免褐變，可使用 90~120℃的低溫烘烤，或是用食物脫水機。蔬菜可用蔬果切片器切成薄片，烤成酥脆的蔬菜片。

GRILLING AND BROILING VEGETABLES
燒烤和炙烤蔬菜

燒烤和炙烤蔬菜是以高溫炭火直接加熱蔬菜。燒烤的熱源來自下方，炙烤則來自上方，都可以讓把菜的表面烤黃、烤出微焦，又能散發出香味。

烤焦的部位會有香味，但也含致癌物質，所以最好不要太多，並在食用前刮除。

在蔬菜表面塗上一層薄薄的油，可以產生酥脆的表面，避免變得老韌。

為了更能掌握燒烤過程，要有一個烤出褐變的高溫區域，以及一個烤透蔬菜的中溫區域。先在高溫區烤出想要的顏色，然後在中溫區把蔬菜烤透。

為了更能控制炙烤過程，蔬菜一開始就要非常接近熱源，然後密切觀察，一旦變色就要翻面。多次翻面之後拉開與熱源的距離，直到蔬菜熟透，或是把蔬菜移至烤箱烤熟。

烤的時間無法預測，影響時間的因素包括：熱源的強度、蔬菜與熱

源的距離，以及蔬菜厚度。

　　把蔬菜切厚一些，如此在控制風味與濕潤程度時，較有調整空間。厚度不及一公分的蔬菜片極快就熟透，有時表面還不會褐變。

　　為了避免蔬菜沾黏到烤架，烤架要清理乾淨，並在蔬菜放上去之前預熱。蔬菜表面要塗上油，等完全褐變之後才翻面。

　　有些蔬菜可以連著外莢或外皮一起烤，或是用鋁箔裹起，如此可以維持蔬菜水分，避免燒焦，同時保有火烤的香氣。

CANNING VEGETABLES
製作蔬菜罐頭

　　蔬菜罐頭是長時間以高溫加熱的方式殺死微生物，並完全隔離外界，因此可以永久保存。由於蔬菜的酸度普遍不如水果高，因此製作罐頭時需要以壓力鍋來達到高溫。

　　製作不當的罐裝蔬菜會很快變質，而且不安全。

　　罐裝蔬菜若加熱不足，或是處理上有所疏忽，便可能滋生有致死之虞的肉毒桿菌。

　　確實遵守值得信賴的食譜。你可以參考美國農業部的《自製罐頭完全手冊》，有紙本。或是確定你的食譜中有下列步驟：

　　‧把罐子和蓋子放入滾水。

　　‧把處理好的蔬菜及液體加熱到沸騰。

　　‧把處理好的熱蔬菜放入熱罐子中密封。

　　‧罐頭放入製作罐頭的壓力鍋中加熱，加熱時間視罐頭大小和廚房的海拔高度而定。

　　‧罐頭涼了之後，要確保密封狀態，此時蓋子中央會下凹。

考量到自製的罐頭蔬菜中可能會有肉毒桿菌，上菜前將蔬菜煮滾10分鐘，以摧毀可能存在的肉毒桿菌毒素。

QUICK-PICKLING VEGETABLES
涼拌蔬菜

用發酵法來醃漬蔬菜得花上數週，而涼拌則是快速醃漬的辦法。涼拌時加入的鹽、糖或是醋，或是葡萄酒中的酒精和酸，能夠增添蔬菜的風味。此外，涼拌不但能維持蔬菜生鮮時的爽脆，質地也更柔軟，保存時間也較長。

切碎或是切成薄片的蔬菜，可能醃漬一小時就足了，較厚的則可能要花上數日。生的或熟的蔬菜都可涼拌，存放冰箱或室溫皆可。

蔬菜完全洗淨之後，再來涼拌。

含水量多的蔬菜在涼拌之前要先拌鹽，擠出多餘水分，以免水分稀釋醋或葡萄酒。

厚蔬菜用滾水殺菁後再涼拌，這樣蔬菜會比較軟，醃料也比較容易入味。

使用非精製的海鹽，其礦物質有助於保持蔬菜爽脆，明礬和石灰（氫氧化鈣）也能帶來相同效果。

涼拌好的蔬菜要存放冰箱。

涼拌蔬菜若想多放幾天，要在 83℃ 下加熱 30 分鐘，冷卻後密封存放在冰箱。

酸性的涼拌蔬菜加熱後不會變軟。烹調時，要記得這類蔬菜在加熱後仍會保留爽脆口感。

FERMENTING VEGETABLES
發酵蔬菜

　　發酵原本是緩慢醃漬蔬菜的方式。蔬菜浸在鹵水中數週，長出的微生物所製造的酸有助於保存蔬菜。這種方式製成的泡菜有宜人的酸味和柔軟的爽脆感，同時還具備獨特的發酵香氣。成條的黃瓜（傳統的醃黃瓜）和甘藍（德國酸菜、韓國泡菜），都是常拿來發酵醃漬的蔬菜。

　　製作美味泡菜或德國酸菜的關鍵，在於利用正確的發酵微生物。錯誤的微生物會產生異味，並使蔬菜變得軟糊黏滑。

　　使用不會起化學反應的塑膠、陶製或搪瓷容器。

　　徹底洗淨蔬菜與容器，除去不當的微生物。挖除黃瓜的蒂，因為蒂會造成瓜肉軟化。

　　製作鹵水時要仔細計算鹽和水的比例，鹵水的鹹度會決定微生物生長的種類。大部分醃漬的鹵水，濃度在 5~8 % 之間。如果直接把鹽拌入切碎的蔬菜，以蔬菜滲出的汁液作為鹵水，那麼鹽的重量是蔬菜重量的 1~3 %。

　　選用醃漬鹽或猶太鹽，以免鹵水渾濁。食鹽中含有抗結塊的粉末，這種粉末不會溶解。

　　鹵水要完全蓋過蔬菜，以保護蔬菜不會接觸到空氣和空氣中的微生物。可以用盤子來重壓蔬菜，或是收在有孔隙的塑膠保鮮袋內。

　　避免鹵水直接接觸空氣。可直接用保鮮膜或其他蓋子緊貼著鹵水，否則鹵水和空氣接觸的介面會長黴菌而導致食物腐敗。

　　盛裝發酵食品的容器最好放在陰涼的室溫下，約介於 15~18℃。溫暖的溫度無法讓香氣更快出現，反而會加速變酸，進而增加食物腐敗的風險。

　　定期檢查鹵水表面是否受到污染，一發現黴菌就得立即撈除。

　　發酵食品一出現異味或是液體變得非常混濁就直接丟棄，但有些渾濁是正常的。

食物醃漬完成後，要存放冰箱。

COMMON VEGETABLES: ARTICHOKES TO TURNIPS
常見蔬菜：從朝鮮薊到蕪菁

朝鮮薊需要削整，而且切面很快就會變色。將朝鮮薊放入維生素C或是檸檬汁水溶液，可減緩變色速度。

要讓整顆朝鮮薊迅速蒸熟，可從頂部劃個十字，露出內部葉片。使用壓力鍋或微波爐，也能讓朝鮮薊快速煮熟。

芝麻菜（火箭生菜）是甘藍菜的近親，葉片小，風味從溫和到刺激的芥末嗆味都有。烹煮會讓既有的辛辣物質轉變成苦味。加鹽可以減少苦味。

蘆筍是植物的新芽，生長力旺盛。採收之後甜味很快就會流失，也不再柔軟，同時切口周圍的外皮纖維也會增加。白蘆筍口味比綠色品種清淡，也比較快轉老。

盡量購買新鮮蘆筍（直接跟農夫買最好），然後冷藏在冰箱中最冷的角落。

選擇頂端抽芽部位肥大鮮嫩的蘆筍，外皮纖維越少越好。

蘆筍若要恢復甜味，可以浸在糖水中 1 小時，濃度為每 100 毫升的冷水加入 1~2 茶匙的糖。

要減少堅韌的部位，烹煮前先切除富含纖維的底部，或是從下半部開始削皮。白蘆筍一定要削皮。用折斷的方式來分別老嫩並不可靠，而且會浪費許多部位。

切除的底部還可以利用：切成1毫米厚的圓形薄片，可生吃，也可

在湯起鍋之前加入，或拿來翻炒。

　　酪梨是亞熱帶水果，對冷敏感，硬的時候採收然後放到熟成。有些品種（哈斯酪梨）柔軟而富含油脂，其他品種（福爾提酪梨）結實而油脂少。酪梨可以搗成泥，但更適合切片食用。

　　挑選外皮緊緻的酪梨，結實（尚未熟成）或是帶點彈性的（剛開始熟成）的都可以。不要購買外皮鬆軟已經過熟的酪梨。

　　讓酪梨在室溫下完全熟成之後再冷藏，因為冷藏會摧毀酪梨熟成的機制。把酪梨和熟成的香蕉一起放入紙袋，可以加快熟成速度。

　　避免酪梨泥（例如鱷梨沙拉醬）變成褐色而產生異味，可以用蠟紙或是鋁箔貼住表面。使用前需挖除表面變色的區域。

　　新鮮豆子種類繁多。超級市場中常見的是四季豆（敏豆）；紫豆煮熟之後會變成綠色；長形平豆（羅馬豆）有獨特的風味，煮熟之後口感綿密。亞洲的豇豆則是完全不同品種，較乾而多肉。新鮮蠶豆和毛豆都是綠色豆類種子，稍微煮一下就有濕潤的口感。新鮮的去殼豆子和乾燥的豆子差不多，但是更容易煮透。

　　挑選顏色深、顆粒結實的豆類，並盡快食用。豆類的甜味和柔軟的口感在儲存時會快速消失。

　　烹煮豆子的時間不要超過10分鐘，以保持豆子的亮綠色。

　　甜菜是含有大量色素的根部，不論煮多久都能維持結實口感。

　　若要保持甜菜的斑斕色彩，最好的食用方式就是生薄片，因為烹煮會破壞細胞而讓色素散開。

　　甜菜的菜葉部分可以留下來另外烹煮，營養豐富，口感柔軟，有如蒸菜。菜葉部位比根部容易腐敗，營養也容易流失。

　　甜菜連皮一起煮，如此可減少色素流失。煮好之後趁熱剝皮，此時皮很好剝。

　　吃過甜菜之後一兩天排出血紅色糞便乃正常現象，因為身體會原封不動排出部分甜菜的色素。

　　帶苦味的綠色蔬菜有大頭菜、球芽甘藍、綠葉甘藍、蒲公英葉、闊葉莒菜、羽衣甘藍、芥菜。這些苦味很可能來自於有益健康的植物化學

物質。

若要減少這些綠色蔬菜的苦味，可和鹽或是含有鹽分的食材（醬油、鯷魚醬）拌在一起吃，鹹味能遮蓋苦味。

青花菜和大頭菜是甘藍的近親，具有大量密集的花芽。大頭菜比青花菜苦，莖比較長，而花芽叢較小。

挑選緊密、結實、深綠色的青花菜，梗已經變硬的就不要買。剔除太硬的梗皮。

青花菜和大頭菜在 10 分鐘內即可煮軟。煮太久會讓結構脆弱的綠色花芽糊爛，並產生難聞的硫磺味。

要減少烹煮時間，並希望熟度均勻，較硬的青花菜可將花芽和梗分開煮，或是把梗切成小塊以加速煮熟速度。

球芽甘藍是甘藍的近親，類似甘藍，是葉子聚集而成的迷你小球。

球芽甘藍要選擇密實的，莖部看起來像是新切下來的。避免鬆垮、輕盈的球芽甘藍。

球芽甘藍煮到軟即可，煮太久會散發大量強烈而難聞的硫磺氣味。

要縮短烹煮時間，可以在莖的末端切個深的十字刀口，或切成對半，或是把葉片拉鬆。

要減少球芽甘藍的苦味，可以切對半或是撕開葉片，在滾水中濾出苦味物質（當然其他有益健康的物質也會一起濾掉）。加鹽也能夠遮蓋苦味。

甘藍有不同變種，有深綠色、紫色，以及亞洲大白菜般的淺色。顏色越深，營養越豐富。

甘藍煮到軟就好，如果煮過久，就會散發出大量強烈而難聞的硫磺氣味。

要縮短烹煮時間，可以從頭把甘藍對切或是切成四等分，或是撕成小片。

要避免紅色或是紫色的甘藍變成藍色，煮的時候可以加入醋，或是酸性水果（例如蘋果）。

如果要用生甘藍做成爽脆的生菜沙拉，可以把切好或撕好的甘藍浸

在冰水中，之後再淋上沙拉醬。

胡蘿蔔可食用的部位是根，生吃爽脆，煮熟後有如軟泥。胡蘿蔔外圍的部位風味濃郁，含有較多有益健康的胡蘿蔔素，中心水分較多。老的胡蘿蔔心纖維較粗。

挑選瘦長而沒有裂開的胡蘿蔔，風味最佳。帶有綠葉的胡蘿蔔比較新鮮。已經去皮的「小胡蘿蔔」是由熟的大型胡蘿蔔切削而成，表層的白色霧狀物質是由乾燥的細胞層組成，對人體無害。

胡蘿蔔要削皮，即使看起來是乾淨的。外皮可能會苦並帶有異味。

花椰菜是甘藍的近親，由一團團未成熟的花蕾組織所形成，有白色、橘色和紫色。花椰菜煮軟可製成極滑順的菜泥。

選擇緻密、顏色均勻無黑斑的花椰菜。

如果要吃到完整的花椰菜，烹煮之前先切成小塊，煮軟即可。花椰菜烹煮太久會一碰就破，並散發大量強烈而難聞的硫磺氣味。

要製成滑順的花椰菜泥，多煮幾分鐘，直到變軟，然後用果汁機打成泥。

芹菜是整束爽脆的葉柄。

挑選結實、無損傷的芹菜。把斷裂和壓傷的葉柄摘除。芹菜在生長與處理過程中如果遭受壓力會產生化學物質，累積在人體內會讓皮膚在接觸陽光時起水泡。

要讓生芹菜口感最為爽脆，可浸入冰水。

要剃除芹菜柄外層的纖維絲，可用削皮刮刀把葉柄的表面削平。

芹菜根是芹菜的近親，可食用的部位是埋在地下膨脹的莖，表面有節瘤，附著小根。可以削片生吃，口感爽脆，也可以切塊烘烤，或是煮軟製成泥。

挑選手感沉重的芹菜根，表面光滑的芹菜根則比較好削。

芹菜根削去的皮要夠厚，才能除去充滿纖維的小根。

芹菜根切好後，要浸在維生素C或是檸檬汁的酸性水溶液中，再進行烹煮，因為芹菜根很容易變色。

恭菜是甜菜的近親，食用的部位是寬大的葉片。恭菜含有大量草酸

鹽，容易讓人體結出腎結石。有些品種的蒝菜葉柄和葉脈含有色素，烹煮時會流出色素。

挑選沒有破裂、邊緣沒有變黃的蒝菜。

市面上販售的蒝菜通常太老，需大肆摘除不好的部位。

幼嫩的蒝菜 1~2 分鐘就可以煮熟，口感很柔軟。

若要移除蒝菜的部分草酸鹽，用沸煮，而不要用蒸或炒。

如果要維持有色蒝菜的顏色，把蒝菜分開煮，最後才混入其他食材。

綠葉甘藍是甘藍的近親，葉片大而開展，略帶苦味。

挑選沒有明顯白色葉脈、沒有破裂的綠葉甘藍。

市面上的綠葉甘藍通常太老，等堅韌的葉脈煮熟，葉片的其他部分也已經過熟。

綠葉甘藍煮軟即可，煮太久會散發大量強烈而難聞的硫磺氣味。一般常以煙燻火腿來平衡綠葉甘藍長時間烹煮所產生的強烈氣味。

要縮短烹煮時間，可去除綠葉甘藍的白色硬柄和葉脈，只採用綠色部分，或是把整片葉子撕成片。也可以只把綠色部位煮軟（葉柄仍維持爽脆），然後把葉子捲起，切成條狀。

玉米是玉蜀黍尚未成熟的種子，玉米粒有白色、黃色和紫紅色。

玉米越新鮮越好，買了之後要放冰箱，並且趁早煮掉。現代的玉米品種不像早期的品種容易流失甜味，但是在儲藏期間會變硬。

挑選玉米時，玉米粒較小的口感較軟，玉米粒較老的則較具風味和嚼勁。

玉米整支煮時要煮很久，將外圍的玉米粒加熱到將近水的沸點。玉米通常用水沸煮，也可以蒸煮或微波加熱，而且更有效率。玉米連著皮一起燒烤或是微波能夠保持內部的濕潤、熱度和風味。

炒玉米粒時要使用小火或中火，因為玉米粒的汁液含有糖分，容易燒焦。

玉米穗軸拿來熬湯或高湯，可增添風味。

黃瓜是甜瓜的近親，爽脆多汁，通常加在沙拉中，也適合快炒。

標準美式黃瓜短而粗，種子大，帶些苦味，外皮堅韌，通常會上蠟以延長保存期限。美式醃漬用品種則比較短小，外皮薄且沒有上蠟。

「歐洲品種」（溫室品種）比較細長，皮薄無上蠟，內有細小未成熟的種子，不具苦味。中東和亞洲種的黃瓜則和歐洲品種一樣細長，但瓜形較小。

挑選結實沉重、表面無縮皺的黃瓜。黃瓜若要連深綠色的皮一起吃，就得選購沒有上蠟的黃瓜。

蒲公英葉，市面上賣的通常是苦味萵苣的近親，不是真正的蒲公英葉。

蒲公英葉用大鍋熱水沸煮，可減少苦味，通常很快就會燙軟。用鹽調味也可以降低苦味。

茄子和番茄、馬鈴薯一樣肉質鬆軟。亞洲品種的茄子細長而柔軟，歐美常見的紫色大型茄子種子較多，這個部位很容易變成褐色。現代的茄子不常出現苦味，不過橘色的土耳其品種和小型泰國品種則反倒以苦味見長。加鹽無法去除苦味物質，但可以掩蓋苦味。

茄子在冰箱中只能存放數日，因為茄子是亞熱帶植物，不適合冷藏。

茄子的肉質鬆軟，在煎炸或烘焙時很容易吸油。要避免這種狀況，在烹煮之前可先稍微微波，讓肉質變得緊實。也可以撒鹽在切片的茄子上，放到濾鍋中，等茄子縮皺之後再把多餘的鹽沖掉。

如果茄子吸了太多油，**繼續慢慢加熱**，待茄肉收縮之後會把油釋放出來。

苣菜、闊葉苣菜、綠捲鬚苣菜都是萵苣的近親，葉片緊密、口感爽脆，有時帶有苦味。

這類蔬菜要挑選幼嫩、顏色輕淡的，才會有柔嫩的口感以及溫和的風味。

比利時苣菜（白葉苦苣）要挑全白的，冷藏時要放入不透光的紙袋。這種蔬菜照到光之後顏色會變綠、變苦，甜味也會流失。

小茴香是有茴香籽風味的香草植物，具有粗大膨脹的莖，從莖上伸

出的葉柄充滿纖維。這種蔬菜通常切成薄片生吃。

　　蒜是具有刺激風味的地下鱗莖，屬於洋蔥的近親。蒜的辛辣程度會因為品種、採收季節與老嫩而變化。象蒜氣味溫和，是韭蔥的近親，不是真正的蒜。黑蒜是亞洲特殊的加工製品，以這種方式處理過的蒜，無刺激氣味，味道酸甜鮮美，同時具有糖蜜的香氣。

　　挑選沉重而硬實的蒜頭，不能有發芽、縮皺和長黴的跡象。

　　蒜要置於陰涼處，冷藏會降低蒜的風味。長期存放的蒜會變乾，烹煮時很容易就焦掉。

　　切好的蒜不可直接放入油中，這樣可能會滋生肉毒桿菌。蒜要先浸在醋或是檸檬汁中，再用油蓋過蒜和酸，最後放入冰箱。

　　蒜的味道可能非常刺激，也可能相當溫和，依處理手法而定。

　　若想盡量發揮蒜的辛辣味，把生蒜壓碎或磨成蒜泥。

　　若想盡量減少蒜味，把蒜切片然後用沸騰的水或牛乳殺菁蒜瓣，或是整顆下去煮。

　　若想釋放出溫和的香氣，用奶油炒比植物油更適合。

　　如果同時炒蒜和洋蔥，要等到洋蔥快要炒好時才放蒜。蒜的含水量比洋蔥少，而且很容易褐變燒焦。

　　蒜經處理之後變成綠色或藍色，是正常現象。酸會讓蒜變色，但變色的蒜對人體無害，中式的醃漬食品便經常利用這項特性。

　　羽衣甘藍是甘藍的近親，葉子大而長，帶有些微苦味。

　　羽衣甘藍剛好煮軟即可，煮太久會散發大量強烈而難聞的硫磺氣味。

　　若要縮短烹煮時間，可去除堅韌的葉柄，只烹煮綠葉，或撕成片再煮。也可以烹煮整片葉子，綠色部分軟化（葉柄仍然爽脆）之後便撈起，把葉子捲起來切成條狀。

　　球莖甘藍也是甘藍的近親，食用的部位是膨大的莖，生食爽脆多汁，稍微煮過之後就變得柔軟多汁，而不會粉粉的。

　　球莖甘藍要挑選較小的，大的球莖甘藍外皮堅韌難嚼。

　　韭蔥是洋蔥的近親，食用部位是有刺激氣味的地下莖和葉片。中心

的葉片和靠近根部的部位風味最強烈。

韭蔥煮過之後，末端會分泌黏滑液體，這些黏液在冷的時候會變成膠質，讓湯和燉菜變得濃稠。

挑選白色莖部較多的韭蔥。

韭蔥的白莖下段要切掉並徹底洗淨。韭蔥在栽種時，莖的周圍堆了許多層土，好讓莖維持白色。

上層較堅韌的部位當成綠色蔬菜處理，可以切細然後稍微煮一下。

萵苣的食用部位是一叢柔軟、氣味溫和的葉子，最適合製成生菜沙拉。萵苣有許多品種，顏色深而葉子分散開來的品種，比顏色淡而葉子密集的品種更有營養。紅葉萵苣吃起來比較澀。

選擇葉子新鮮、邊緣沒有變黃變深、大小適中的萵苣。**避免購買莖部嚴重凋萎以及葉片太老、質地粗糙的萵苣**。

萵苣和其他製作生菜沙拉的葉菜類儲存在 0℃ 左右，用塑膠袋包裹以避免水分流失。

萵苣葉使用前要多次用水清洗，因為萵苣生長時接近地面。

要增加萵苣葉的爽脆度，可浸在冰水中 15 分鐘。

菇蕈是生長在土壤中的真菌所長出的結構，上面長滿了種子般的孢子。菇蕈的種類非常多，有些具有獨特、肉般的風味，例如雞油菌、羊肚菌、鮑魚菇（蠔菇）、牛肝菌菇和香菇。

乾燥的菇蕈有強烈而濃厚的風味，特別是「鮮味」，因此很適合用來調味。白色洋菇和黑色菇蕈是同種的不同品種，在不同的生長階段與大小都會拿出來販售；小的如「鈕釦菇」，大的有手掌般的「波托貝洛大褐菇」。較大且傘蓋下有明顯褐色菌褶的菇蕈，風味也較濃郁。

菇蕈的組織成分和蔬菜不一樣，在廚房中表現出的特性也大相逕庭。菇蕈加熱時會釋出大量水分，使得烹調過程變得非常緩慢。大部分的菇蕈不論怎麼煮，都會保留一定的嚼勁。

挑選損傷最少的菇蕈。如果要風味最豐富的，就挑快要變質的菇蕈，然後切除損壞的部位。

盡快使用菇蕈，因為菇蕈代謝速度很快，損壞得也快。

菇蕈要冷藏在接近在 0℃的環境下。因為菇蕈很容易出水，所以要先用紙袋或是廚房紙巾鬆鬆包住，再放入塑膠袋。

　　菇蕈要在烹煮之前才清洗，稍微浸水並不會減少風味。

　　切下菇蕈的老梗，可以把梗煮成高湯，或是切碎當成內餡。

　　炒菇蕈的時候，不要整鍋放得滿滿的，這樣菇蕈的汁液才能快速蒸發而迅速褐變。要把整鍋放滿也可以，如此便是用菇蕈流出的汁液來煮熟，等汁液燒乾了才開始進行褐變。這種作法的菇蕈表面會皺縮起，因此所需的油較少，褐變時吸收的油也較少。

　　烹煮乾的菇蕈之前，要先泡在熱水中吸收水分，讓菇蕈恢復柔軟多汁。浸過菇蕈的水風味十足，濾除砂粒之後也可以使用。

　　芥菜是甘藍的近親，有舒展開來的綠色大葉片，生的時候具有芥末般的辛辣味，煮熟之後辛辣味盡失，轉而出現苦味。

　　芥菜煮到軟就可以了，煮過久會散發大量強烈而難聞的硫磺氣味。

　　如果希望芥菜吃起來不要太苦，可以在大鍋的水中沸煮，而不要用炒或是蒸的，然後撒上大量的鹽。

　　秋葵是中空有籽的亞熱帶果實，含有能夠維持水分的黏質，因此汁液黏滑。

　　挑選小而柔軟的秋葵，大的秋葵通常比較硬，纖維不容易煮爛。

　　秋葵要存放在冰箱中溫度較高之處。

　　要把秋葵的黏度降到最低，就整株下去烹調，煎炸或是烘焙皆可，用在幾乎不用加水的菜餚中。

　　若想讓秋葵的黏液盡量發揮，把切好的秋葵加入湯或燉菜中增加黏稠度。

　　橄欖是地中海植物的小型果實，含有油。生橄欖有強烈的苦澀感。要讓橄欖變得可口，處理方式有很多。

　　罐裝的黑橄欖是用鹼液處理並且加熱過的，質地滑順，具有獨特的風味。

　　醃漬的黑橄欖或是綠橄欖通常浸漬於鹵水（鹽水）中發酵，味道鹹而酸。

醃漬橄欖一兩天內就要用掉，在冰箱中可以保存一個星期。

冷藏橄欖上的**酵母菌**會縮短橄欖的保存期限。要延長保存時間，可以把橄欖浸入鹵水或是油中再冷藏。

洋蔥是風味強烈的休眠鱗莖，屬於蒜的近親。青蔥則是洋蔥活躍生長的莖和葉子。洋蔥有許多種類，甜洋蔥並不會特別甜，只是味道沒有那麼刺激，適合生吃。

烹煮和醃漬都能減少洋蔥的刺激味。

棕皮洋蔥較能久放且風味強烈。白洋蔥和紅洋蔥比較容易腐敗。

切洋蔥時若想避免流淚，先將洋蔥放到冰水中30分鐘，或是放在冰箱中數小時。切洋蔥時要迅速俐落，然後立即清洗砧板；切好的洋蔥很快就會回溫。

要減少生洋蔥切過或是製成薩爾薩辣醬之後的刺激味道，可先將洋蔥片浸泡在冷水中，沖洗掉表面受損的細胞。

若要讓洋蔥產生焦糖化反應，洋蔥先放入低溫熱油中一段時間，並稍微蓋起，不時攪拌，偶爾加入水、葡萄酒或是高湯，讓黏在鍋底的汁液能夠回到洋蔥上。洋蔥汁液含有糖分，很容易褐變燒焦。如果要縮短烹煮時間，可用較大的火，但是要小心而且持續攪拌。

歐洲防風和胡蘿蔔是近親，食用部位同樣是根部，但是白而乾，而且沒那麼密實。

歐洲防風要選大小適中、沒有黑點或是裂痕的。大型歐洲防風的中心軸比較大而老。

歐洲防風要存放冰箱。

歐洲防風的烹煮時間比胡蘿蔔等蔬菜短，很容易就變軟和褐變，也很容易乾掉。

豌豆是豆類植物未成熟的豆莢和綠色種子。英國豆（青豆）的豆莢很老，吃的是種子。雪豆和甜脆豌豆的豆莢可以吃，不用剝豆莢。

選擇豆莢脆、大小適中的英國豆。大的英國豆莢中，種子已經成熟，吃起來粉粉的，口感粗糙。英國豆的風味會逐漸流失，要放冰箱並盡快食用。

新鮮豌豆的品質無法預期，冷凍豌豆方便而且品質好。

雪豆和甜脆豌豆要選深綠、結實且沒有破裂的，買回後要放冰箱。

豌豆不用烹煮太久，只要顏色變得明亮而且質地變軟即可起鍋。

椒類包含燈籠椒和辣椒之類，有許多不同品種，有新鮮的也有乾燥的。有些具有不同程度的辛辣味，有的則完全不會辛辣（例如甜椒）。同一品種結出的椒，辛辣的程度也會有所差異。

新鮮辣椒要選擇飽滿、沒有破裂、顏色深的。

新鮮辣椒要放在冰箱中溫度較高之處，並用塑膠袋包起來以保持水分。

如果要降低辣椒的辛辣味，小心地剖開辣椒，把連著種子的白絲去掉。這些白絲含有很多刺激性化學物質辣椒素，而且很容易就擴散到周圍的部位。

處理完刺激性的辣椒之後，手和器皿要用肥皂水徹底清洗。一開始用冷水，避免辣椒素揮發到空氣中，之後才用熱水。辣椒素十分耐久不散，即使已經處理完畢，手在一段時間之內還是不要碰觸眼睛或其他敏感部位。

如果嘴巴被辣椒辣到，可用非碳酸飲料讓口腔冷卻下來。這樣做只能減緩症狀，無法移除舌頭上的辣椒素。不過幾分鐘之後，辣感就會退去。

要去除新鮮辣椒堅韌的外皮，可用烤箱烤軟果肉，然後把皮剝除。另一個方法是用瓦斯爐或烤架把皮烤焦，然後放入塑膠袋中軟化，或是放在兩個盤子之間擠壓，之後便可將皮刮除或是清洗掉。清洗過程會流失一些風味，但是能夠有效去除對身體不好的燒焦殘渣。

使用乾辣椒時，先沖掉灰塵、擦乾，然後稍微烘一下讓風味出來，之後便可放到鍋中以中火乾炒，或是放入烤箱加熱。接著稍微浸到熱水中，泡到軟為止。

馬鈴薯是含有大量澱粉的儲藏塊莖，有許多品種，大部分皆可在陰涼的室溫下存放好幾個星期。「新馬鈴薯」是尚未成熟就採收的馬鈴薯，應該要盡快使用或是冷藏起來。

如果你想要乾爽鬆軟的馬鈴薯，就要挑選「粉質類」的品種，例如褐皮或藍紫色的品種。這類馬鈴薯不論是做成薯條、烤馬鈴薯或薯泥，都比較容易吸收有風味的液體或油脂。

「蠟質類」的品種，例如紅皮、白皮或黃皮的馬鈴薯，就適合整顆食用、做成沙拉或焗烤，口感結實、緻密而多汁。

挑選結實、外皮完整，沒有壓傷或切口的馬鈴薯。

馬鈴薯表面若泛出綠色就不要吃。綠色與發芽部位不但苦，而且含有有毒的植物鹼。

馬鈴薯要儲存在陰涼、不見光的室溫下，以免變綠。在溫暖的室溫下，馬鈴薯會發芽、腐爛。若冷藏在 7℃ 以下的環境中，馬鈴薯會把部分澱粉轉換成糖，拿來油炸時很快就會褐變、燒焦。

削掉馬鈴薯的綠色部位，切除處理時壓傷所導致的內部黑斑，這些部分通常會產生苦味。

要製成沙拉的馬鈴薯塊最好保持完整，預熱處理能讓馬鈴薯的口感更結實。先把馬鈴薯塊放入 55~60℃ 的熱水中 30 分鐘，然後浸到冰水中冷卻 30 分鐘，之後用再沸煮到軟。放涼之後再放入沙拉，熱馬鈴薯容易碎裂。

要烘烤出具酥脆外皮的馬鈴薯，先在外皮抹上油或是奶油，然後放到熱烤箱中（220~230℃）。沒有抹油或是包在鋁箔中烤出來的外皮比較韌。

要烘烤出鬆脆的馬鈴薯，先削皮或是切塊，用沸煮或蒸的方式煮到快要熟，然後擦乾馬鈴薯表面，接著塗上油脂，最後放入 230℃ 的烤箱中烘烤完成。

要製作滑順的馬鈴薯泥，把煮好的馬鈴薯用壓馬鈴薯泥器或食物碾磨器壓碎，加入其他食材，然後用手攪拌。固體奶油比融化的奶油更容易均勻混入馬鈴薯泥中。用打蛋器攪拌，把空氣打入，讓馬鈴薯泥膨鬆。不要用食物處理機或果汁機攪拌，因為會破壞澱粉粒，使得馬鈴薯泥變得稀薄黏滑。

要做出酥脆的薯條，烹調過程要分成數個階段。一開始將薯條煮

軟，接下來的步驟才是讓薯條變得金黃酥脆。勿用冷藏過的馬鈴薯，會太快褐變。

‧製作薯條分成兩個階段。先把馬鈴薯切成條狀，浸在冰水中 30 分鐘，然後擦乾。炸的時候分兩次，第一次在 120~163℃ 炸到鬆軟，然後在 175~190℃ 炸到焦黃。

‧如果要讓薯條酥脆的口感維持更長，就要分三階段來處理。

‧把生薯條放入鹽水中熬煮到軟，放涼，直到薯條表面出現些微黏性，然後分兩次油炸：先在 170℃ 的油中炸出顏色，然後在 185~190℃ 中炸到褐變。

紅色野苦苣是萵苣的近親，具有紅色葉子，其紅色色素會帶來些許苦味和澀感。

挑選手感沉重的紅色野苦苣。

用鹹的食材調味可以降低苦味。

櫻桃蘿蔔是甘藍的近親，食用部位是帶辛辣味的儲藏根。櫻桃蘿蔔的品種非常多，有不同的大小、顏色與辛辣程度。

選擇沉重而沒有壓傷的櫻桃蘿蔔，在冷藏之前要切除容易腐敗的綠色頂端。

如果要生吃，得擦洗乾淨。

櫻桃蘿蔔如果太辣，可去皮食用，皮中含有許多造成辣味的酵素。烹煮也可以消除辛辣味。

蕪青甘藍是甘藍的近親，可食用部位是膨大的莖，不像馬鈴薯那樣含有許多澱粉，通常沸煮或是搗成泥食用。

蕪青甘藍烹煮之前要削掉厚厚一層皮，因為這種植物通常會上蠟以延長保存期限。

火蔥（紅蔥頭）是洋蔥的紫色變種，體積較小，味道辛辣，結構細緻。

菠菜是甜菜的近親，葉子較小而柔軟，氣味溫和。菠菜含有草酸鹽，腎結石患者要避免食用。

選擇葉片小、新鮮而扁平的菠菜。厚的葉片葉脈粗、過於耐嚼，不

適合製成沙拉，得煮熟才行。

　　菠菜要徹底清洗乾淨，必要時多洗幾次，才能把生長時挾帶的泥沙完全洗淨。

　　若要讓生菠菜口感清脆，浸在冰水中15分鐘。

　　烹煮菠菜時，下鍋的量要比你認為應該放的量還多。菠菜烹煮過後，**體積會縮成 1/4**。

　　菠菜一分鐘之內就會煮熟，整個塌陷下去時就可以了。菠菜煮好後得把過多的水分擠出，否則放入盤子會滲出水來，或是稀釋掉醬汁。

　　如果要去除菠菜中的草酸鹽，那麼就不要用炒或蒸的，而用不加鹽的水沸煮。

　　芽菜是種子發芽數日之後的嫩芽，通常會拿來發芽的種子包括綠豆、大豆和紫花苜蓿。潮濕而溫暖的環境適合種子發芽，也適合微生物生長，因此芽菜生食有致病風險。

　　挑選看起來、聞起來新鮮的芽菜，枯黃與凋萎的部分越少越好。

　　芽菜要盡速食用，或冷藏在冰箱中最冷的區域。

　　芽菜要徹底洗淨並濾乾。

　　不要給體弱多病的人吃生芽菜。

　　小果南瓜是黃瓜的近親，含有許多種子。新鮮的夏季南瓜有節瓜，多汁而且容易壞。較乾的冬季南瓜有大果南瓜，不用放冰箱就可以存放數月。

　　選擇比較小的夏季南瓜，肉質才不會粗糙，種子也不會太大。

　　夏季南瓜要放在冰箱中溫度較高之處，例如靠近門的區域。低溫會傷害夏季南瓜。

　　選擇手感沉重且沒有軟掉部位的冬季南瓜。

　　想吃到最甜的南瓜，**選購秋天採收的冬季南瓜並立即食用**。

　　冬季南瓜要儲存在陰涼的室溫下。

　　切冬季南瓜時，要放在堅硬寬闊的表面，謹慎下刀。冬季南瓜的果肉堅硬，會夾住刀子，讓刀子切偏。

　　密實的南瓜要快速煮成泥，先對半切，刮去種子和細絲，然後放在

盤中，切面朝下，放到微波爐中煮到軟。

菊芋（或稱耶路撒冷朝鮮薊）是向日葵的近親，食用部位是塊莖。

菊芋脆而多汁，不含澱粉，但含有大量不易消化但有益健康的菊芋多醣。

一餐不要食用太多菊芋，過多的菊芋多醣會造成脹氣。

挑選結實沒有壓傷的菊芋，存放在冰箱中。

要將菊芋多醣轉變成糖，使得菊芋有甜味並褐變，可放在 93℃ 的烤箱中 8~10 小時。

甘藷是亞熱帶藤類，食用部位是富含澱粉的儲藏塊根，和馬鈴薯沒有親屬關係。橙肉的品種比較甜，富含維生素 A。白肉和紫肉的品種比較不甜，幾乎不含維生素 A。

挑選結實沒有壓傷的甘藷。

甘藷要存放在陰涼的室溫下，約 13~15℃。甘藷切勿冷藏，否則中心會變硬，也無法煮軟。

如果要讓甘藷更甜，可用低溫烤箱慢慢烘烤，讓甘藷中的製糖酵素在這個過程有機會發揮作用。

要減少甘藷的甜味，可用微波爐、壓力鍋、沸煮或蒸煮，快速加熱。

番茄是具有鮮味的果實，在完全熟成時風味最豐富，也最有營養。未熟成的番茄有不同的味道和營養成分，生吃爽脆，醃漬或烹煮後也別有一番滋味。

挑選顏色最深且稍軟的番茄，注意某些部位不要太軟或受損。不同的番茄品種會有不同的熟成顏色，有些甚至是綠色，也有些是白色。不要買冷藏櫃中的番茄。

番茄要儲存在陰涼的室溫下，不要冷藏，否則會失去香氣。如果番茄冷藏過，使用前就盡可能在室溫下回溫久一點。

不要挖掉種子周圍的膠狀物，因為這個部分的鮮味最重，酸味也最強，要和番茄的其他部位一起煮，最後才過濾掉種子。

番茄若要剝皮，在番茄底部用刀劃一個小小的十字，然後在將要沸

騰的水中稍微熬煮，切口的皮一旦捲起便撈出，然後把皮剝除。

要增加番茄泥的風味，可添加少許酸和糖。在上菜前加入一些新鮮番茄葉再稍微煮一下。番茄葉沒有毒。

如果要用罐頭番茄製作滑順的番茄泥，要挑選未加鈣的品牌，因為鈣會讓番茄組織變得結實。若想要帶有嚼勁的果肉，就選擇有加鈣的。

松露是菇蕈的近親，價格昂貴，上菜前通常只稍微煮一下或是稍微熱一下，好保留獨特的香氣。黑松露聞起來有土味，白松露則有蒜味。

選擇結實、緊密、有宜人香味的松露，或是由信譽製造商生產的頂級罐裝松露。松露有很多品種，但是大部分的風味都比不上法國的黑冬松露和義大利的白松露。

松露要單獨放在密封的容器中冷藏，或是和其他能夠吸收松露香氣的食材（米、蛋等）放在一起冷藏

不要用平的研磨板把松露磨成細屑，這樣香氣會立即消散殆盡。買一支松露刨刀，把松露刨成大薄片。

高價的松露油得多加留意，仔細閱讀標籤，使用的時候要謹慎。這些油大部分都會用人工香料來加強風味，很容易蓋過其他食材的味道。

蕪菁是甘藍的近親，食用部位是多汁而不含澱粉的根部。

選擇小型、結實、表皮光滑的蕪菁，大型蕪菁的肉質粗糙而老。蕪菁要存放冰箱。

若要使蕪菁的風味溫和，稍微煮一下就好。煮太久會產生強烈的硫磺氣味。

Milk is the
first food
we taste as
newborns,
sweet and
mild and
warm

CHAPTER 9

MILK AND DAIRY PRODUCTS

乳與乳製品

乳是最原始的食物，以極簡的形
式，集合了糖類、蛋白質和脂肪這
三種基本的食物原料。

母乳是我們一出生的食物，甜美、溫和而溫暖。就另一方面而言，我們所烹煮的乳與乳製品也是最原始的食物，以極簡的形式，集合了糖類、蛋白質和脂肪這三種基本的食物原料，讓我們能利用這些材料，建構身體的所有部位。

　　我們可以直接飲用乳品，或是煮成醬汁，也可以打成奶泡放到卡布奇諾上。我們能藉由乳酸益菌所釋放出的酸，讓乳類的蛋白質變得濃稠，製造出優格和白脫牛奶；也可以把檸檬汁擠到乳汁中，稍微加熱，就製作出新鮮乳酪。牛奶中的油脂小滴集中起來可以製成鮮奶油、法式鮮奶油、鮮奶油醬汁或是冰淇淋。我們也可以輕輕打出一點泡沫，或是用力攪拌打碎油滴，製成濃郁的奶油。我們可以把鮮奶油和奶油加上糖一起煮，製作成牛奶糖或奶油硬糖。

　　乳與乳製品是好食材，但我們在商店中買到的卻通常不是最自然的製品。低脂牛奶的成分是經過更動的，以濃縮蛋白質來取代脂肪；鮮奶油為了穩定品質，會用高溫加熱並進行均質化，然後加入膠質。奶油則會加入某種味道，聞起來很像乳酸菌所產生的氣味，好迅速增加風味。

　　我和許多人一樣，習慣喝添加了蛋白質的低脂牛奶，後來也用這種牛奶來自製優格。有次我誤買了全脂牛奶，結果發現做成的優格更好吃，讓我大為驚訝。全脂牛奶直接喝也很棒。自此我不再常買低脂牛奶，也不再認為較冷、較不具風味的牛奶對身體比較好。牛奶變美味了。

　　你挑選食物時有多謹慎，購買乳類和乳製品就得同樣謹慎：尋找並購買味道最佳的乳品。乳品的特質千變萬化，在廚房中既好用又容易成功。不妨嘗試自製優格和奶油，你會獲得前所未有的愉悅。

DAIRY PRODUCT SAFETY
乳製品的安全

　　新鮮乳製品非常容易壞，因為非常容易滋生腐敗菌，讓乳製品變酸、結塊，並產生難聞的味道。處理乳製品時，任何步驟的疏忽都可能造成病菌污染，包括沙門氏菌、李斯特菌和大腸桿菌。

　　所有新鮮乳製品都要存放冰箱，好讓病菌與腐敗菌的生長速度降到最低。

　　高溫殺菌（巴氏殺菌法）的牛奶是加熱到 63~76℃，這可以有效消除病菌，並且大幅降低腐敗菌的數量，但並不保證絕對安全。經高溫殺菌消毒的牛奶，在冷卻、包裝或加工製成其他乳製品的過程中，都有可能受到細菌污染。

　　生乳是指未經加熱殺菌的乳品。在嚴格的法規規範之下，生乳通常是安全的。即便如此，這種牛奶還是有致病之虞。

　　優格、白脫牛奶、酸奶油和法式鮮奶油等乳製品都是由新鮮乳品發酵而成，由於發酵過程中益菌會產生酸性物質，因此較能對抗細菌污染。

　　超高溫處理與消毒過的乳製品很穩定，但是不新鮮。超高溫處理幾乎能夠殺死所有細菌，但也會帶來強烈的烹煮味。某些超高溫處理與消毒過的乳品在避免污染的特殊包裝下，能在室溫存放數個月。

　　乳酪抵抗污染的能力依照種類有非常大的差異，安全紀錄也不同。新鮮乳酪和軟質乳酪含有的水分足以讓病菌與腐敗菌生長。比較乾的硬質乳酪含有濃度較高的鹽和酸，可抑制細菌生長，但偶爾會受產生毒素的黴菌污染。

　　新鮮乳酪和軟質乳酪不要給高齡老人、嬰幼兒或病人吃。

　　如果乳酪上面長出新黴，將發霉的部分大塊削掉，或整塊丟掉。

　　乳糖不耐症的患者無法消化乳糖（乳類中的糖分），這種現象經常

被誤認成對乳類過敏。許多人隨著年紀增長而變得無法消化乳糖，或吃了一些乳糖就肚痛或腹瀉。乳糖不耐症患者若只喝少量牛奶（約250毫升）多半不會出現症狀，至於發酵乳製品則可以安心食用，因為裡面的乳糖已經被微生物消化。有些品牌的乳類含有乳糖消化酵素，這類飲品也可以安心飲用。

真正的乳品過敏很罕見，狀況也比乳糖不耐症嚴重。乳品過敏的人對乳類中的蛋白質會發生免疫反應，即使只攝取微量乳製品，也會產生多種症狀。

對乳品過敏的人，不應用羊奶代替牛奶。羊奶的乳糖含量和牛奶相近，而羊奶的蛋白質也能引起類似的過敏反應。

SHOPPING FOR MILK AND FRESH DAIRY PRODUCTS
挑選乳類和新鮮乳製品

新鮮乳製品的品質、風味和價格差異很大，影響因素包括乳牛的品種、乳牛的餵養方式，以及乳汁的採集方式、消毒過程、分離與攪拌方式，還有包裝材料與運輸方式。乳製品生產商的規模與特色也會有莫大差異，有些是大型合作社，有些是家庭農場，而製作過程對於動物福利和永續力的影響也不同。你可以嘗試不同品牌，加以深入研究，然後選擇滋味、保存時間和感覺最好的。

新鮮的乳製品容易腐壞，對溫度與光很敏感。發酵過的牛奶和鮮奶油經過合適的微生物作用，會變得比較酸而濃稠，保存時間比新鮮乳製品長，但仍然容易腐壞。

檢查保存期限，勿買即將到期的乳製品。

乳製品受到光照會產生異味，因此要挑選不透明包裝。

在開放式冰櫃中，要挑選放置在最深處、最冷區域的乳製品，然後立即帶回家冷藏，用冰桶裝最好。

STORING DAIRY PRODUCTS
儲藏乳製品

乳製品大多要存放冰箱，溫度在5℃以下，也就是放在冰箱深處而非門附近。乳製品放在室溫下的時間最好不要超過數分鐘，溫暖的溫度會加速乳類走味腐敗。

陳年乳酪用鐘形乳酪罩罩著或是稍微包著，可在室溫下保存數天。

乳製品若用透明的容器裝著，需盡量避免光照。

光照會讓乳製品走味。

乳製品使用前要先嗅嘗新鮮度。乳品或鮮奶油如果走味了，會出現厚紙板的不新鮮氣味，一旦腐敗則會出現酸味、苦味和酸臭味。

新鮮乳品、發酵乳類與鮮奶油皆不能冷凍，冷凍後會出現油水分離現象並且結塊。

奶油和硬質乳酪若要冷凍保存數個月，用蠟紙包裹，再用數層保鮮膜包起來隔絕異味。

THE ESSENTIALS OF COOKING WITH DAIRY PRODUCTS
乳製品烹調要點

　　乳與乳製品是食材中常見的成分，風味獨特，其中的蛋白質與糖類若經過褐變反應，有助於加深其特有風味。

　　菜餚中加入乳製品，會變得更濃郁，但是也可能讓菜餚結塊或變得油膩。

　　乳類是漂浮著蛋白質粒子和脂肪滴的水。如果蛋白質粒子之間能鬆散地連接成一張大網，乳類就會顯得濃稠；如果蛋白質粒子彼此連結得太緊密，就會和液狀的乳清分離，形成緊密的固體結塊。一旦有脂肪滴開始彼此結合，就會出現連鎖反應，形成一片片油脂。

　　有幾種食材會讓乳中的蛋白質彼此連結，使得乳汁變得濃稠或結塊。最常見的是細菌所製造的酸。水果、蔬菜、咖啡、茶、葡萄酒中的酸、單寧酸以及懸浮顆粒，都會使乳變得濃稠和結塊。

　　酸和其他食材引起的增稠與結塊速度和程度，一旦遇熱便會加劇。

　　若要控制增稠程度並減少結塊，應使用新鮮乳製品並以小火慢慢加熱。放較久的乳製品一定會有較多細菌，因而含有較多的酸，因此會更容易結塊。

　　若乳品結塊，先過濾出液體的部分，然後把結塊的蛋白質用力打散，再重新混合入液體。

　　以凝乳結塊來入菜，其實味道還不錯，甚至可以做得很美味。東歐的酸奶蛋花冷湯和義大利的牛奶燉豬肉，都是刻意運用這種結塊的特性。

　　乳品的脂肪滴彼此凝聚而造成油水分離，主要發生於未均質化處理的乳類和鮮奶油。

　　若要減少乳製品入菜時所帶來的油膩，就不要用已經開始濃稠、結

塊，或是表面浮著一層乳脂的乳類或鮮奶油。這類的乳製品比較適合製成新鮮奶油，因為製作奶油本來就是要讓油水分離，而奶油也就是因此才美味。

FRESH MILKS
新鮮乳品

新鮮乳品也分成好幾種。

高溫殺菌的乳品經加熱到 60℃ 以上，可殺死細菌以延長保存期限。

均質化乳品中的脂肪滴已打散成均勻的小塊，這樣脂肪滴在容器中就不會往上浮（油脂比水輕），而在表面形成一層乳脂。這種乳品的風味比未均質化處理的清淡。

高溫殺菌的均質化乳品已經過加熱和均質化處理，具有些許烹煮味，油脂分布均勻。

生乳是未經加熱和均質化的乳品，風味獨特。生乳放到後來，瓶口會累積著厚厚一層乳脂，很難再和底下的液體相混。生乳的保存期限是所有乳製品中最短的，要放在冰箱中最冷的區域。

經高溫殺菌但未均質化的牛奶，上面會浮著乳脂。這種乳類具有些許烹煮味，並會在瓶口會塞著厚厚一層乳脂。

低脂和脫脂牛奶是經過加熱與均質化的乳品。一般乳品的脂含量約 3.5~4 %，但低脂和脫脂牛奶只有 0~2 %。由於這類乳品看起來和吃起來都比一般乳品稀薄，因此通常會加入乳蛋白好增添濃稠度，且通常帶有厚紙板的異味。

酵素鮮奶（Lactaid）是除去乳糖的全脂乳品，內含能夠分解乳糖的微生物酵素，適合乳糖不耐症患者飲用。

嗜酸菌牛奶含有益菌，這類益菌能夠在消化系統中生存。

羊奶具有獨特風味，其乳脂小球比牛奶的要小，其他成分則都很類似。羊乳據稱不會像牛奶那樣容易引起過敏，但事實上對牛奶過敏的人也可能對羊奶過敏。

STABILIZED AND CONCENTRATED MILKS
保久乳和濃縮乳

保久乳和濃縮乳的風味強烈，適合用於烘焙或應急。

超高溫處理的乳汁短暫加熱到沸點以上，然後在無菌環境包裝，便能在室溫下保存數個月，直到開封。這種乳品有強烈的烹煮味，即便是在保存期間也可能會變苦。

保久乳經過多次烹煮，然後罐裝，嘗起來有烹煮味，不冷藏也可以保存非常久。

煉乳或蒸發乳（奶水）是經過濃縮、均質化與殺菌程序的乳品，脂肪、蛋白質或糖的含量都是一般乳品的兩倍，有乳脂般的稠度以及烹煮牛奶的強烈焦糖味，呈黃褐色。

加糖煉乳是經過濃縮、均質化、殺菌的乳品，並加入適量食糖以抑制微生物生長。加糖煉乳比煉乳甜，顏色較淡，風味也較溫和，常用於製作焦糖牛奶醬（dulce de leche）、萊姆派和其他甜點。

奶粉是經過高溫殺菌並加以乾燥的乳製品，是蛋白質、糖、礦物質和一些脂肪的固體混合物。奶粉有種獨特的溫和厚紙板味，通常用於烘焙食物，以及讓冰淇淋變得更滑順可口。

COOKING WITH MILKS
用乳品來烹調

乳品很少單獨拿來煮，因為這會搞得一團亂。用鍋子加熱乳品會讓蛋白質在鍋底燒焦，並在表面結一層皮，然後突然沸騰，冒出大量泡沫。

若想順利烹煮乳品，得用非常新鮮的乳品，以小火加熱，並經常檢查。即使只有一點點酸也會讓乳品結塊。

若要避免黏鍋和燒焦，先沾濕鍋子再加入乳品，用小火加熱，也可隔水加熱或以微波爐加熱。

若要避免表面結皮，可蓋上鍋蓋，只留一點縫，或是持續攪動表面，好讓表面的蛋白質不會乾掉。

若要避免突沸，快要沸騰時將火關小，蓋鍋也保留一點縫隙好讓蒸氣冒出。

製作焦糖牛奶醬時，把牛奶和糖一起用小火熬煮一兩個小時，讓水分蒸發，直到牛奶變稠且呈現褐色。褐變過程會產生酸，因此要加入一些鹼性的發粉來中和，也讓口感更滑順。

加糖煉乳罐頭在未開封的情況下加熱，得十分小心。罐頭的內容物會在加熱時膨脹，一旦沸騰便會爆開。用隔水加熱的方式緩緩加熱（水的沸點比加糖乳品低），注意不要讓水煮乾。

奶泡加在咖啡和巧克力飲品上，可增添風味和視覺上的對比，熟練的咖啡師傅能用奶泡製作美麗的圖案。奶泡同時有隔熱、保溫的效果。蒸氣或空氣能在牛奶中形成泡泡，而加熱能讓乳蛋白彼此連結，使得泡泡更穩固。低脂牛奶製作的奶泡較為堅實而無味，全脂牛奶製作出的奶泡則較軟綿而濃郁。

若用義式濃縮咖啡機的蒸氣管製造奶泡，要用事先冰過的金屬杯，盛裝半滿的新鮮冷藏牛奶，牛奶至少要有 150 毫升。把蒸氣噴口伸入牛

奶表面下方並靠近杯身內壁，打開蒸氣，如此才能讓牛奶循環。當金屬杯燙到拿不住時（約 65℃）就停止，以免產生強烈的烹煮味。

不使用蒸氣管也可以很快製造出奶泡。把新鮮的冰牛奶放入大罐子，罐中保留足夠空間，然後蓋上蓋子，用力搖晃直到奶泡把體積撐大兩倍。打開蓋子，整罐放入微波爐加熱，直到奶泡發滿整罐。

CREAMS
鮮奶油

鮮奶油之所以具備乳脂口感，是因為脂肪滴含量高過牛奶。至於鮮奶油在廚房的用途，則由脂肪含量決定。

仔細閱讀紙盒上的標籤，脂肪含量對食譜來說很重要。大部分的鮮奶油都添加了膠凝劑，同時為了延長保存期限，都經過超高溫殺菌。這類鮮奶油適用於大部分的食譜。如果可以買到新鮮、只經過高溫殺菌的鮮奶油，那也同樣適用，而且味道一定會更好。

半對半鮮奶油的脂肪含量是 12%，通常拿來搭配咖啡和新鮮水果。

低脂鮮奶油的脂肪含量是 20%，味道比半對半鮮奶油濃郁，但是還不足以製成穩定的發泡鮮奶油。

輕發泡用鮮奶油的脂肪含量是 30%，足以打出穩定的泡沫。

發泡用鮮奶油和重發泡用鮮奶油的脂肪含量分別是 35% 以及38％以上，非常濃稠，很容易就打出泡沫。

高溫殺菌的新鮮鮮奶油是經高溫加熱而未經均質化的鮮奶油，含有大的脂肪滴，很適合製作發泡鮮奶油。不過在紙盒中，這些脂肪滴會往上浮，在表面形成厚厚一層油脂，造成油膩的口感。有些新鮮的鮮奶油加入了有穩定作用的膠凝劑，能減緩油水分離的速度。

超高溫殺菌鮮奶油經過超高溫殺菌和均質化，但是沒有經過無菌包裝，冷藏數個星期也不會油水分離。超高溫殺菌鮮奶油有烹煮味，發泡所需的時間比新鮮的鮮奶油長。某些超高溫殺菌鮮奶油也會加入膠凝劑。

　　未均質化的鮮奶油，每日要輕輕翻轉數次，以減緩油水分離的速度，避免乳脂浮在上方。

COOKING WITH CREAM
用鮮奶油來烹調

　　脂肪含量會決定鮮奶油在烹煮中的表現。

　　脂肪含量越高，鮮奶油越穩定，就越不容易結塊。

　　低脂鮮奶油的脂肪含量最高只到 20%，在加熱或是和酸性食材混合時便有可能結塊，因此適合直接搭配水果、酥皮類點心，或是加在咖啡、茶或巧克力飲料中，也可用來製作馬斯卡邦乳酪。

　　馬斯卡邦乳酪是一種酸而濃稠的鮮奶油，製作方式是將低脂鮮奶油加熱到 80~85℃，調入塔塔粉或檸檬汁，然後放涼，讓鮮奶油凝固，再用細濾網或是襯有濾布的濾盆盛裝，最後冷藏整夜，讓乳清濾出。

　　高脂鮮奶油和發泡用鮮奶油所含的蛋白質很少，即使和酸性食材混合或加熱也不會結塊，很適合用來增加醬料的濃郁口感。用高脂的新鮮鮮奶油發酵製成的法式鮮奶油，也有相同用途。

　　若要快速製作奶油醬汁，用來搭配魚和肉，可加入高脂鮮奶油以溶出黏附在鍋底的焦香物質，再用小火收乾到所需濃稠程度。

　　發泡鮮奶油輕柔而密實，細緻的泡沫中充滿了空氣。這種滿是泡沫的液體由固體的乳脂脂肪滴匯聚而成，而打發泡沫便讓這些脂肪滴稍微

連結起來。倘若溫度繼續升高，脂肪滴就會變得軟黏，然後塌陷在一起形成奶油，此時細緻的泡沫就會開始出水而變得油膩。

製作發泡鮮奶油的方式：

．使用發泡用鮮奶油，或是脂肪含量高於30%的高脂鮮奶油，以打出穩定的泡沫。如果是製作甜的發泡鮮奶油，使用快速溶解的超細白糖。濃厚的法式鮮奶油也可打出綿密的泡沫。

．把鮮奶油放到冰箱中冷藏12個小時以上，好讓脂肪滴黏結得更緊密。

．製作前將鮮奶油、打蛋器（或攪拌器）和碗冷凍10~15分鐘，注意不要讓鮮奶油結凍。

．要打出最輕盈的泡沫，使用籠型的手持式打蛋器，這能比電動攪拌器打入更多空氣。浸入式攪拌器或食物處理機也可打出綿密的發泡鮮奶油，而且速度更快，但只要超過幾秒鐘，便會把泡沫打成奶油。

．要一直打發到泡沫成形且到達期望的黏稠度，不可中途停止，一旦泡沫開始變稠就要加糖。打發太久會提高鮮奶油的溫度，進而結塊形成奶油。

．如果鮮奶油開始結塊，就表示溫度太高即將結成奶油。拿一盒新的鮮奶油重新開始。

發泡鮮奶油若非立即使用就得冷藏，需放置在加蓋的容器中，以免吸收冰箱中的怪味。在擠出鮮奶油時，要確定鮮奶油夠冰，否則鮮奶油仍有可能在使用過程中升溫而轉變成奶油。

發泡鮮奶油做好之後，便會開始逐漸滲水。這些液體可以倒掉，或是輕輕攪回泡沫中。

若要避免液體滲出而讓發泡鮮奶油變硬，一旦鮮奶油開始變得濃稠，可用少量溫水溶解一些明膠拌入。

BUTTERS AND OTHER DAIRY SPREADS
奶油和其他乳製塗醬

奶油是風味十足的塗醬，也是用途廣泛的烹飪脂肪，用在蛋糕和酥皮中尤其吸引人。鮮奶油劇烈攪動之後，脂肪滴黏結成一大塊，便製成了鮮奶油。奶油中有八成是脂肪，其他則是水、乳蛋白、糖、包覆脂肪滴的乳化劑。奶油融化後，金黃色的脂肪會浮在上方，乳狀的水溶液則沉在下方。

奶油有多種形式，購買前要看清標籤。

含鹽奶油中有1~2%的鹽，目的是防止細菌造成腐敗，如果用於烹煮或是塗抹食物，也能增添風味。市售奶油通常有含鹽和無鹽這兩種選擇。

甜奶油由高溫殺菌的鮮奶油製成，不含鹽，亦不含其他添加物，風味最純粹。

發酵奶油由高溫殺菌的鮮奶油製成，添加能夠發酵的細菌，因此有酸味，奶油香氣比甜奶油強烈。

有添加香料的甜奶油，是加入天然或人工香料，以模仿發酵奶油的味道。

歐式奶油是含脂肪量高達 82~85%的發酵奶油，特別適合製作酥皮。

發泡奶油比一般奶油更容易抹開，因為裡面灌入了細小的氮氣氣泡，可軟化堅硬冰冷的奶油。冷凍的奶油通常很堅硬，不易塗抹。相同體積下，發泡奶油的奶油含量比未發泡的奶油還少。

無水奶油（澄清奶油）中的水分和乳固形物都已經去除，因此是純的奶油脂肪。無水奶油比一般奶油更能耐受高溫，用於較高溫的煎炸也不會燒焦。**印度酥油**是把奶油加熱到乳固形物發生褐變所製成的無水奶

油，具有堅果般的香氣。

　　人造奶油是在植物油中添加水和乳類香料，能用來塗抹食物。人造奶油的飽和脂肪比奶油少，但仍有部分人造奶油含有對健康不利的反式脂肪。

　　條裝人造奶油的黏稠度和奶油一樣，同樣可用於烘焙食物。

　　盒裝人造奶油比較軟，比條狀人造奶油更容易塗抹在食物上，飽和脂肪的含量也較少。烘焙食物時不能以盒裝人造奶油取代一般的奶油，但煎炸可以。

　　低脂和脫脂的奶油塗醬是用水和各式增稠劑、蛋白質、澱粉和膠質來取代脂肪，在烘焙和煎炸時不能代替一般奶油。

MAKING AND COOKING WITH BUTTER AND SPREADS
奶油及奶油塗醬的製作與烹調

　　在廚房製作奶油很簡單，純手工需15分鐘以上，用機器更快。新鮮製成的奶油美味無比。500毫升高脂鮮奶油可製作約170克的奶油。

　　製作甜奶油的方式：

　　．把新鮮的未均質化鮮奶油放到深碗中，用打蛋器或是電動攪拌器攪拌，直到奶油脂肪出現並且凝聚成塊。也可用食物處理機處理，或是把鮮奶油放到大型密封罐中搖動。攪拌時，碗要用鋁箔或保鮮膜稍微蓋住；飛濺出來的鮮奶油不要使用。

　　．把白脫牛奶濾出，放冰箱保存，可用於烘焙食物。這是真正的純白脫牛奶，不像市售的白脫牛奶有酸味，而且口感細緻，走味的速度也較慢。

．把脂肪塊揉捏成團，盡量壓出水分，並保持脂肪塊冷涼乾淨。你可以使用木製或矽膠製的攪拌棒或湯匙。如果用手，就要把手洗乾淨或是戴上手套，然後把手放入冷水降溫。若要增加香氣，在一開始的鮮奶油中，每 500 毫升就要加入 2.5 公克的鹽。

製造發酵奶油的方式：購買內含發酵活菌的白脫牛奶，在每公升的未均質化鮮奶油中，加入60毫升這種白脫牛奶，混合後在室溫下放置8~12小時，並依照上述方式攪打、揉捏。白脫牛奶比較稀薄，但是含有酸味。

新鮮奶油要盡快使用，此時風味最佳，且自製奶油也不如市售奶油那麼耐放。

條裝奶油的表面通常聞起來不新鮮且有酸敗味，尤其是顏色變深之時。重複打開包起會讓空氣進入，使得奶油表面變乾，脂肪也被氧化。

儲藏一陣子的奶油在使用之前，可削除表面深色部分，以嘗到最佳風味。

冷的奶油很硬，塗在麵包和酥皮上會擦破食物。

若要讓奶油塗開，可先讓奶油在涼的室溫下回溫，或用重器皿敲打幾次，以加速軟化。也可以用保鮮膜包緊，避免接觸空氣，如此可在室溫下保存一兩天。陶瓷製的奶油保存罐中，奶油會有一面浸在水中，要經常換水。

如果要讓奶油變得澄清（脫水），可用文火慢慢融化油脂，直到不再冒泡為止，這表示水分已經完全蒸發。把浮在表面的蛋白質層撈掉，倒出黃色的油脂，使之與鍋底殘留的白色蛋白質分離。如果要製作印度酥油（或是焦黃或焦黑的奶油），就繼續加熱，讓殘留的蛋白質繼續褐變。

留意奶油會突然噴濺，在融化奶油以及讓奶油水分蒸發的過程中，要用低溫加熱。因為水比脂肪重，因此奶油融化後水會沉在下方。如果加熱的溫度太高（不論是用爐火或是微波爐），水會突然沸騰變成蒸氣，衝破上方的熱奶油而爆出。

盡量不要使用奶油來炒菜，而以澄清奶油或是印度酥油代替，因為

鍋子的熱會讓牛奶的殘留物發生褐變而燒焦。

　　若使用非澄清奶油來煎蛋或是煎魚，煎炸溫度得在150℃以下，奶油中的乳化劑能防止這類細緻食物沾鍋。

　　混合一般奶油和烹煮用油，並無法提高牛奶殘留物開始褐變或燒焦的溫度。

CULTURED YOGURT, BUTTERMILK, SOUR CREAM, AND CREME FRAICHE
發酵優格、白脫牛奶、酸奶油和法式鮮奶油

　　發酵乳製品中有益菌生長，因此口感濃厚綿密，具有宜人的酸味與香氣。未經發酵的類似產品並沒有細菌，酸味和風味都是外加的。低脂、脫脂與一些低價位的發酵乳製品，通常是添加乳蛋白、澱粉和膠質來讓口感濃稠。

　　檢查標籤成分，選擇「活菌發酵」以及沒有添加物的發酵乳製品，這種產品風味最濃郁、口感最細緻。不要買即將到期的產品。

　　發酵乳與發酵鮮奶油即使放在冰箱中，也會逐漸變酸，但是酸會阻擋腐敗過程，因此反而能放得比新鮮牛奶與鮮奶油更久。

　　發酵乳與發酵鮮奶油要慢慢加熱，大部分一經烹煮都會結塊。如果乳脂的口感十分重要，那麼一定要在上菜前才擺上。

　　優格是乳品以特殊的細菌發酵而成，有非常強烈的酸味，以及清爽的蘋果香氣。

　　「天然」優格並沒有添加穩定劑，很容易滲出液體狀的乳清，不過乳清很容易就可以濾除，或是再拌回去。

　　「希臘」優格已經濾掉液狀的乳清，因此特別濃厚，有時還會在乳

品中添加蛋白質，這會帶來刺激的味道。

益生優格含有活菌，能夠在人體消化道中生存，對消化系統產生數種有益的影響。

冷凍優格是含有 20%優格的低脂冰淇淋。

優格一經加熱，一定會結塊，其中的細菌也會死亡。若需保有乳脂般的口感和活菌，在上菜之前才將優格拌入菜餚，而且菜餚溫度不能太熱（低於50℃）。

真正的白脫牛奶是製作甜奶油或發酵奶油的乳狀副產品，脂肪含量低，富含乳化劑且風味十足，可能是甜的或酸的。甜的白脫牛奶不能和小蘇打一起用來作為蛋糕與麵包的膨鬆劑。這時要用市售的白脫牛奶，並以發粉取代小蘇打，或是用其他酸性食材來中和小蘇打的鹼性。

市售的白脫牛奶是低脂牛奶，經過增稠，並且添加了用來製作發酵奶油的細菌，讓白脫牛奶具備酸味和奶油味。另一個方式是直接加入增稠劑和香料。這種產品對於烘焙食品的作用不如真正的白脫牛奶，但是和小蘇打一起使用能使麵團膨發。

保加利亞白脫乳是一種市售的發酵白脫牛奶，使用製作優格的細菌來發酵，具有特殊的酸味和稠度。

發酵酸奶油是含有20%脂肪的鮮奶油，經兩次均質化以大幅增加稠度，同時以製作發酵奶油的細菌來發酵，產生酸味、奶油味和稠度。

酸化的酸奶油是發酵酸奶油的仿製品，直接加入酸和香料來增加濃稠度和風味。

法式鮮奶油是用途最多的發酵乳製品，以製作發酵奶油的細菌來發酵，讓鮮奶油產生酸味、奶油味和稠度。法式鮮奶油可打成濃密的發泡鮮奶油。如果法式鮮奶油是以高脂鮮奶油製成，脂肪含量便高達38%，煮滾後也不會結塊。以均質化鮮奶油製作的品牌，在加熱時比較不容易滲出奶油脂肪。

以法式鮮奶油來溶解鍋底焦香物質，可增加濃稠度和風味，製作出濃郁的醬汁。若要達到最佳風味，就使用高脂鮮奶油製作出的全脂產品，而不要使用低脂產品。

MAKING YOGURT AND CREME FRAICHE
製作優格與法式鮮奶油

製作優格和法式鮮奶油很容易，先從廚房中常用的用具開始：即時顯示的溫度計，以及罐子或其他塑膠容器。一開始可以使用市售的發酵優格或是原味白脫牛奶（非保加利亞白脫乳），挑選你喜歡的風味與濃稠度。但不要使用市售的法式鮮奶油；原味白脫牛奶含有同種細菌，但是密度更高，比較可靠。

製作優格的方式：

· 用爐子或微波爐將牛奶加熱到 80℃，然後連同容器一起慢慢降溫到 47℃。

· 把市售（或是先前自製的）優格拌入牛奶中，每公升牛奶放入30毫升優格。

· 把容器蓋起，然後用廚房巾布包起，以保持溫暖，並靜置2~4小時，直到優格達到理想的凝結度。若把優格放入冰箱中冷藏，質地會變得堅實，然後慢慢變酸。

牛奶的溫度若高於 47℃，優格凝結的速度比較快，但容易產生液狀的乳清。若溫度低於 47℃，製作的時間就拉長，但成品的質地也比較軟。

若要製作濃稠的「優格乳酪」（「希臘」優格），將優格舀進細篩網（或濾鍋裡襯上濾布），放在冰箱中數個小時，讓液狀的乳清滴乾。

製作法式鮮奶油的方式：

· 用爐子或微波爐將高脂鮮奶油加熱到 80℃，然後連著容器一起讓溫度慢慢降到47℃。

· 把原味的白脫牛奶拌入鮮奶油，每 250 毫升鮮奶油拌入 15 毫升

白脫牛奶。

‧把容器蓋起，然後用廚房巾布包起，以保持溫暖，並靜置2~4小時，直到鮮奶油達到理想的凝結度。

‧法式鮮奶油有個簡單但不保證成功的製作方式：直接把白脫牛奶和未加熱的鮮奶油拌在一起，蓋上蓋子，放在涼的室溫一整夜，或是直到鮮奶油變稠。

‧如果想要濃稠又清淡的風味，可使用均質化鮮奶油。若使用未均質化的鮮奶油，在發酵的過程中會浮現厚厚的一層凝結物，在冷藏之前要把這層凝結物輕輕攪回去。

CHEESES
乳酪

乳酪是固態的乳品，藉由酵素讓蛋白質結塊，並移除大部分的水分，以濃縮蛋白質與脂肪。大部分的乳酪都有加鹽，並藉細菌之助製造或多或少的酸。許多乳酪在製作過程中會添加細菌或黴菌，讓乳酪以數週或數月「熟成」，添加額外的風味。

茅屋乳酪（cottage cheese）、凝乳乳酪（quarg）、奶油乳酪、莫扎瑞拉乳酪和義大利瑞可達乳酪等新鮮乳酪，含水量高而容易腐壞，買的時候要注意保存期限，而且需要冷藏。無添加膠凝劑的乳酪，質地比較細緻。

法國布里乳酪、卡門貝爾乳酪、切達乳酪、藍紋乳酪和義大利帕瑪乳酪等陳年乳酪，含鹽量高而水分少，不容易腐壞。高級品的價格可能是量產品牌的數倍。

加工乳酪和乳酪醬是由新鮮乳酪和陳年乳酪混合而成，同時添加乳化劑。這種乳酪具有一般乳酪的風味，以容易取用且易於融化的方式包

裝。低脂乳酪和脫脂乳酪只是乳酪的仿製品，以澱粉、膠質和蛋白質製成，加熱時只會乾掉，不會融化。

傳統方式製成的乳酪極富風味且多樣性十足。市售量產的相近產品，是以快速的方法製造，頂著乳酪之名，但是味道不及真正的乳酪。

乳酪一分錢一分貨。最好的乳酪通常比較貴。如果你真的喜歡乳酪，請一定要嘗試原產自法國、義大利和英國的產品，或是美國的手工乳酪。

購買當場切下的乳酪，並當場試吃。事先切好的乳酪會很快流失風味，而且會產生怪味。不要購買顏色變得暗沉、滲水，或是切口長黴的乳酪。

預先切好的乳酪要削去表面，以去除怪味。

不要買已經磨好的乳酪，磨好的乳酪會很快就流失香氣。義大利帕瑪乳酪及需研磨的乳酪要整塊買來，使用前才研磨。

容易腐敗的新鮮乳酪要緊緊包好，低溫保存。

未完全熟成的軟質乳酪要保存在 10~15℃，用蠟紙稍微包著，以繼續熟成。冷藏會讓微生物和酵素暫停活動。

完全熟成的乳酪用蠟紙稍微包著，也可以用乳酪罩或是碗倒扣著，置於陰涼處或冷藏。

乳酪要在室溫下食用，而不是一拿出冰箱就吃。冷的乳酪會凝固而使口感堅硬，風味也無法散發出來。

COOKING WITH CHEESES
用乳酪來烹調

熱對不同乳酪會有不同影響。

某些乳酪受熱後會融化，成為濃稠液狀，可以塗抹開來。這包括法

國卡門貝爾乳酪、法國布里乳酪、美國科爾比乳酪、藍紋乳酪和加工乳酪等。

某些乳酪受熱後，拉開會牽出黏稠而有彈性的絲。這包括莫扎瑞拉乳酪、法國愛曼塔乳酪（多孔的瑞士乳酪），以及大部分的切達乳酪。

某些乳酪加熱後不會融化，只會軟化然後乾掉，而無法抹開。像是新鮮的山羊乳酪、拉丁白乳酪、印度乳酪、義大利瑞可達乳酪，以及帕瑪乳酪這種需要研磨的乾乳酪。乾的研磨乳酪磨碎後，可撒在平底鍋中加熱，做成薄脆的圓餅。

若要製作乳酪醬料或湯品，可用乾的研磨乳酪和會融化的乳酪，這兩種乳酪較易溶於液體中。

要避免乳酪在醬料或是湯品中凝結成塊或是泛油，可以使用下面的步驟：

· 把乳酪磨得很細。

· 起鍋前，把乳酪加入高溫但未處於沸騰狀態的液體。

· 盡量不要攪拌，以免乳酪產生黏性。

· 加入麵粉或澱粉，以免蛋白質結塊或油脂滲出。

乳酪醬（乳酪鍋）是以乳酪當基底的沾醬，加入葡萄酒或是其他液體稀釋，放在小火上以維持溫度與熔融狀態。要注意隨時可能會變稠或太濃。

記得要加入酸的白酒或是檸檬汁。**酸性能避免牽絲。**也記得要加入一些麵粉或是玉米澱粉。

乳酪醬若因水分蒸發而變得濃稠，灑入一些白酒之後攪拌，可以改善稠度。

Eggs
gather
things
nutritious
and tasty
in one
package

CHAPTER 10

EGGS

蛋

蛋天生就把自己包裝得好好
的，不但能久放，而且營養
豐富、價格平實。

蛋是我們常用的食物，但是蛋也是最奇特的食物。有哪些食物可以天生就把自己包裝得好好的，可以存放數星期，又能在幾分鐘之內就做成扎實且營養豐富的主菜？更何況，每個只要幾塊錢。我很樂意付出高價購買人道飼養母雞所下的蛋，即使價格比一般市售的雞蛋要高出數倍，我也覺得划算。不過高價和盒上標語不保證人道的生產過程。如果你想要確定，最好實地參觀養雞場。

　　雞蛋就跟乳品一樣，含有生物成長所需的所有養分。不過雞蛋把這些養分都濃縮並包裹成適當的分量，可以分開使用，也可以打在一起。至於蛋的使用方式，更是豐富多樣。帶殼或去殼、讓蛋保持完整或是打散、單獨煮或是包裹其他食材，甚至可以打散後將食材連結在一起。蛋白富含蛋白質，能夠煮成緊密的蛋白塊，也可打成輕盈的泡沫製成烘焙食物。至於蛋黃則含有大量的蛋白質與脂肪，營養豐富、質地結實，能用來製作蛋糕、卡士達、鮮奶油和醬料。在日本料理，生雞蛋的蛋黃可直接當成醬料。

　　紅豆引領我發現當代食品科學的深刻洞見（見 324 頁），而雞蛋則讓我見識到傳統烹調的智慧結晶。早年我讀茱莉亞‧柴爾德的《精通法式料理藝術》（*Mastering the Art of French Cooking*），書中提到蛋白最好在銅碗中打發，因為銅可以讓蛋白泡沫變得較酸因而更加穩定。我知道這樣的化學解釋是不正確的，因此推論這個想法只是老一輩廚師的傳說。幾個月後，我在書中看到一幅描繪法國廚房景象的雕刻版畫，上面有個男孩在銅碗中打蛋白。這幅圖是在 1771 年完成的，果真是個古老傳說！於是我立即拿出銅碗和玻璃碗進行實驗，而用銅碗裝的蛋白果真比較穩定且輕盈柔順。於是我不再妄加推論。也許傳統的廚師並不了解化學，但是他們了解廚藝，而在廚房中，廚藝才重要。

EGG SAFETY
雞蛋的安全

　　雞蛋對於小雞和人類而言，都是營養豐富的食物，對微生物也不例外。

　　蛋和蛋料理很容易滋生各類有害細菌。烹調的步驟若有疏忽，蛋將遭受污染而引起疾病。

　　外觀完好而清潔的生雞蛋，內部仍舊可能含有沙門氏菌。

　　沙門氏菌引起的疾病，對於嬰幼兒、年長者和病人來說，可能會有致命之虞。

　　若是在家中廚房煮一兩顆雞蛋且立即吃掉，感染沙門氏菌的機會極低。但如果食物中用到大量雞蛋，且處理和放在餐桌的時間超過幾個小時，感染的機會就會大增。

　　如果要讓體弱多病者食用雞蛋，蛋一定要以70℃以上的溫度煮到全熟，或是使用高溫殺菌蛋。

　　降低蛋與蛋料理的食用風險：

　　‧購買新鮮、乾淨、冷藏的雞蛋。

　　‧烹煮前才把生雞蛋從冰箱拿出。

　　‧生雞蛋如果殼破了就要丟掉。

　　‧若不想把蛋煮太熟，可用 60℃ 的溫度煮 15 分鐘之後再上桌。這樣的溫度足以殺死半熟蛋或水煮蛋中的細菌，同時還能保持蛋黃的乳脂狀質地，而不致於太硬。

　　‧蛋料理要立即上桌。

SHOPPING FOR EGGS
挑選雞蛋

儘管市售雞蛋種類繁多，在實際使用上的差異卻不大。雞蛋品種、蛋殼顏色、受精與否、蛋雞的生活情況和飲食，通常不會嚴重影響雞蛋的風味與作用。

然而雞蛋的生產者差異卻頗大，例如生產的規模、對待動物的方式，還有雞蛋的價格。原物料雞蛋可謂人類主食中價格最低的。找個機會看看那些高價雞蛋的包裝資料，好好確認是否值得多付一點錢來支持以特殊方式生產的雞蛋。

自家或是小農場的母雞會自行覓食、吃些廚餘，飲食內容比商業飼養的蛋雞更為多樣，產下的雞蛋蛋黃顏色較深。

鵪鶉蛋和鴨蛋是雞蛋之外的選擇，現在也越來越容易買到。鵪鶉蛋的特色在於尺寸極小、殼上布滿斑點；鴨蛋的特點則在於尺寸比雞蛋還大，有深橙色的蛋黃和濃郁的風味。

雞蛋在包裝運送之前會依照蛋的品質分級，AA 級的雞蛋不論蛋黃、蛋白，都比 A 級與 B 級的雞蛋要結實。分級的影響主要是反應在整顆下去煮的雞蛋上（半熟或全熟的水煮蛋或煎蛋）。

買雞蛋時，包裝日期或保存期限便意味著雞蛋品質。不論是哪種等級的蛋，包裝日期越近的，蛋黃和蛋白便越結實，能存放的期限也就越久。新鮮的 A 級雞蛋比舊的 AA 級雞蛋結實。

雞蛋大小不同，依照食譜烹調時通常不能互相代換。通常一顆蛋以其體積大小和液體部分重量可分為中型（49 公克）、大型（56 公克）、超大型（63 公克）和巨大型（70 公克）。蛋越大，煮熟的時間越長。拿蛋來製作烘焙食物時，要確認食譜中指定的大小，通常使用大型蛋，或依比例加以調整。

買蛋的時候挑選保存期限最長，以及你最常用食譜所需的大小。

打開紙盒確定每個蛋都完好。

　　高溫殺菌雞蛋在市面上有帶殼的、液狀的和乾燥的三種選擇。高溫殺菌雞蛋能殺死沙門氏菌，但若要打成泡沫或是讓醬料乳化，則不如生雞蛋好用。高溫殺菌雞蛋也具有顯著的烹煮味。

STORING EGGS
保存雞蛋

　　雞蛋要冷藏，最好放在密閉容器中，以減緩水分流失、沾上怪味。品質良好的雞蛋在保存期限之後，存放在冰箱中還能食用數個星期。

　　雞蛋不容易腐敗，但是內容物會縮水和變質。通常濃厚的蛋白與蛋黃會變得稀薄，蛋黃的膜也容易破。

　　若要查看存放雞蛋的品質但又不打破雞蛋，可以把蛋放到碗中然後加水。新鮮雞蛋會平躺，舊的雞蛋鈍的那一端會朝向水面，而非常舊的雞蛋則會浮著。

　　若要分辨冰箱中的雞蛋是生是熟，可以讓蛋平躺然後用手轉動。生蛋轉動不順，熟蛋轉得很快。

THE ESSENTIALS OF COOKING WITH EGGS
雞蛋烹調要點

　　雞蛋由兩個非常不同的部分組成：蛋黃和蛋白。蛋白是無色的黏稠液體，可能渾濁可能清澈，其中 90%是水，10%是蛋白質。蛋白質分子彼此鬆散相連，使得蛋白有黏稠性。

　　蛋白依照黏稠程度，可再區分為三個部分：稀薄的外層，比較濃稠而凝聚的內層，以及兩條把蛋黃連接在蛋殼上的緊密繫帶。

　　加熱會使蛋白質凝結，把蛋白變成固體。熱會使蛋白中的蛋白質彼此連結得越來越緊密，而在液體中形成網絡。這個過程會讓液狀的蛋白變成濕潤、不透明的固體。加熱的溫度越高，蛋白質就黏得越緊，而蛋白就變得越硬越老。

　　空氣泡泡也會讓蛋白中的蛋白質凝結。打蛋白時，蛋白會抓住液體中的氣泡，而氣泡會把蛋白質吸附到表面，讓蛋白質彼此黏聚，形成固狀網絡。

　　網絡讓氣泡聚集成穩定的蛋白泡沫，可以拿來作蛋白霜和舒芙蕾。蛋白打得越久，蛋白質就連結得越緊密，而打到最後，這些蛋白質會分散成幾個密實的結塊，整個蛋白泡沫便崩塌成硬塊和液體的混合物。

　　蛋黃是黃色乳脂狀的液體，有薄膜包覆，呈球狀。蛋黃中有 50%是水，30% 的脂肪、脂肪狀乳化劑及色素，以及 20% 的蛋白質。蛋黃中的脂肪物質是蛋黃顏色、風味與豐厚口感的主要來源。

　　熱會讓蛋白質凝結，使蛋黃變成固體。蛋黃中水的比例比蛋白低，脂肪和大多數的蛋白質都被包裹在小球中。加熱時，蛋黃中的蛋白質會黏在一起，如此形成的網絡會使得蛋黃變得濃稠，形成易碎的固體小球。加熱溫度越高，易碎的蛋黃就越乾。

　　烹煮美味蛋料理的關鍵在於溫度控制。適當的溫度才能讓蛋白質適

當結合,產生濕潤柔軟的蛋白和乳脂狀的蛋黃。加熱過度會讓蛋白變老變硬,蛋黃變乾易碎。在卡士達和鮮奶油中,加熱過度會造成結塊和乳油分離。

要製作出柔軟均勻的蛋料理,蛋加熱到剛凝固就停止。蛋白約在60℃凝固,蛋黃在63℃。雞蛋和其他食材拌在一起時,大致會在70~80℃凝固。

把蛋黃與蛋白分開,可分別賦予菜餚不同的特性。兩者所含的蛋白質都有助於讓菜餚濃稠或液體凝固。蛋白有助於形成滑軟而稍有彈性的堅實口感,蛋黃形成的口感則較濃稠柔軟。

要分開蛋黃與蛋白,得準備兩個碗。把蛋殼敲成兩半,讓蛋黃在兩個蛋殼中交互移動,使蛋白流進一個碗中,再用蛋殼邊緣把黏在蛋黃上的蛋白切開。或把手洗得非常乾淨,用手指拉住蛋黃讓蛋白濾出。最後把蛋黃放到另一個碗中。

如果蛋黃破了,有些混入了蛋白,得先用湯匙舀出蛋黃,再繼續處理下一顆雞蛋;如果你要打發蛋白,這點尤其重要。蛋黃會干擾發泡的過程,但不至於無藥可救,因此稍微殘留點蛋黃沒有關係。

SOFT- AND HARD-COOKING EGGS IN THE SHELL
帶殼的半熟蛋和全熟蛋

半熟蛋的蛋白柔軟、蛋黃軟嫩而呈乳脂狀。全熟蛋的蛋黃扎實,蛋白則結實到蛋殼可俐落剝下。這兩種蛋都是把雞蛋浸到熱水中煮,要用蒸的也可以,只是時間稍微長一些。

不可用滾水煮雞蛋,滾水太熱而且會造成亂流,使得蛋殼破裂、蛋

白質變硬，同時煮蛋味也會增強，並導致蛋黃表面轉綠。半熟蛋不論用煮用蒸，溫度都要在沸點以下。全熟蛋加熱的溫度也需比沸點低，約80~85℃。

　　煮蛋若要有相同的品質，就要使用相同的方法。實際烹煮時間取決於所需的熟度及雞蛋大小、開始的水溫，以及烹煮方式。要使用剛從冰箱取出且相同大小的雞蛋，使用的鍋子和水量也要一致。在所需數量之外，可額外多煮一兩顆雞蛋，以提早檢查熟度。

　　煮半熟蛋，輕輕把雞蛋放入大量水中，溫度稍低於沸點，用小火維持溫度 2~4 分鐘，即可煮成內部滑嫩多汁的法式水煮蛋；小火煮 3~6 分鐘，可得到得從蛋殼中挖出來吃的半熟蛋；煮5~7分鐘，則得到能剝除外殼，整顆取出的半熟軟蛋（mollet egg）。

　　要煮出非常軟的半熟軟蛋，把蛋置於 64℃的水溫 30~60 分鐘，並不時檢查與調整水溫，或用自動的浸入式循環加熱器。這樣煮出的蛋，蛋白剛好凝結，能讓整顆蛋從蛋殼中滑出。

　　要煮出容易剝殼的全熟蛋，就用放了一兩個星期的蛋。非常新鮮的蛋，蛋白會黏殼而難剝除。

　　煮全熟蛋，輕輕把蛋放入大量水中，溫度稍低於沸點，或是放在冷水中，然後很快煮到滾。蓋上蓋子，熄火悶上10~12分鐘。

　　要讓全熟蛋快速冷卻，可放到冷水或冰水中，如此可避免蛋黃的表面轉綠，也使蛋白變得結實，容易去殼。

　　想要俐落地剝掉蛋殼。把整個蛋殼輕輕敲成小塊，然後從鈍端的氣室開始剝，並小心拉起蛋殼下方的薄膜，將蛋殼隨同薄膜一起拉下。

　　煮好的蛋要盡快使用或放冰箱。

POACHING AND FRYING EGGS
水波蛋和煎蛋

　　水波蛋和煎蛋都不帶殼，不過蛋本身是完整的，蛋白包圍著蛋黃，而蛋黃則可視為蛋白的醬料。

　　煮水波蛋和煎蛋的困難，在於保持外形完整、柔軟的蛋白與乳脂狀的蛋黃。

　　烹煮漂亮水波蛋和煎蛋的方式：

　　使用非常新鮮的雞蛋，這樣蛋黃的膜比較堅韌，蛋白中濃稠部分的比例也較高。

　　烹煮前用有孔廚匙濾掉蛋白稀薄的部分，或使用煎蛋專用的環或杯子來控制蛋白的形狀。

　　水波蛋的作法：

　　·在淺鍋中倒入加鹽的水或是煮液，深度至少達 4 公分，加熱到接近沸騰。

　　·把蛋打入淺碗或是有孔的廚匙中，慢慢將蛋滑入煮液，烹煮 3~5 分鐘。

　　·用乾淨的有孔廚匙把蛋撈出來，瀝掉水分，放在乾淨的廚房巾布上吸水。

　　·上菜時，蛋放在預熱的盤子或溫食材上方。

　　煎蛋的作法：

　　·使用不沾鍋或是以油處理過的平底鍋。

　　·若要讓沾黏的情況降到最低，使用奶油而不要用一般烹飪用油，因為奶油中含有能避免沾鍋的乳化劑。

　　·把鍋子加熱到 120~150℃，此時水滴彈到鍋子上，水滴會迅速蒸發但不會來回滾動。

　　·用油脂塗滿鍋子內壁，然後把蛋打入或是滑入鍋中。

・約一分鐘後，用薄鏟子把蛋翻面，再煎二三十秒（即「兩面嫩煎」）。也可以把熱油澆在上面。另一種作法是加入一湯匙的水到鍋中，然後蓋上蓋子，把蛋蒸熟。

・用薄鏟快速地把蛋鏟起（注意不要劃破蛋黃），放到預熱的盤子上。

MAKING SCRAMBLED EGGS, OMELETS, AND FRITTATAS
炒蛋、煎蛋捲和義式蛋餅

製作炒蛋、煎蛋捲和義式蛋餅時，得先將生的蛋黃和蛋白打在一起，然後加熱製成稍微結實而口感濕潤的柔軟料理。

炒蛋是在平底鍋中用小火把蛋炒到柔軟濕潤。若加入液體食材（鮮奶油、牛奶、高湯、水）來稀釋雞蛋的蛋白質，炒蛋會比較軟，但也容易煮過頭和滲水。

炒蛋的方式：

・蔬菜都要預煮過並去除多餘的水分。

・把蛋和其他液體食材與調味料充分攪拌。

・濾除不容易凝結的蛋黃繫帶，以免出現沒有煮熟的結塊。

・把不沾鍋或是處理過的平底鍋以中火加熱到 93~107℃，這個溫度能讓水滴蒸發、冒泡。加入油或是奶油，然後把蛋和所有食材都倒入鍋中。

・持續攪拌與鏟動材料，炒蛋的質地才會濃稠而均勻；或者也可以只偶爾攪拌鏟動，這樣會形成一大塊柔軟的凝塊。

・蛋即將形成理想的稠度時，立刻移出鍋子。

・放到預熱好的盤子，然後上菜。

煎蛋捲是輕巧俐落地用平底鍋煎蛋，讓薄薄的外皮包裹濕軟而凝結的蛋。

煎蛋捲的方式：

‧選擇大小適中的不沾鍋或以油處理過的鍋子，這樣蛋才會有適當厚度（4~5個蛋需要直徑約23公分的鍋子。）

‧蛋捲所要包裹的食材都要先熱過，準備好放旁邊。蔬菜要預煮，並瀝除多餘的水分。

‧把蛋、液體食材與調味料充分攪拌。

‧把鍋子用中火以上加熱到135~150℃，這個溫度能讓水滴在一兩秒內就蒸發掉。

‧在鍋內抹上油或奶油，接著把蛋倒入。

‧攪拌與鏟動材料，直到蛋開始凝固。

‧把餡料放在蛋上面。

‧靜置蛋和餡料，讓蛋有時間凝固，若有需要，讓蛋底部有點焦黃也可以。

‧摺疊一半或三分之一的蛋皮，把餡料包起，再讓煎蛋捲滑入預熱的盤子上。

義式蛋餅與平煎蛋捲通常含有蔬菜、肉類或乳酪，而且不會捲起。蛋體本身從一開始就比較厚。

義式蛋餅與平煎蛋捲的製作方式：

‧選擇大小適中的不沾鍋或是以油處理過的鍋子，讓蛋體得以形成較厚的結塊。

‧蔬菜要預煮，並瀝除多餘的水分。

‧把蛋、液體與調味料充分攪拌，然後拌入其他食材。

‧把鍋子用中火以上加熱到135~150℃，這個溫度能讓水滴在一兩秒內就蒸發掉。在鍋內抹上油或奶油，把蛋的混料倒入。

‧煎到蛋體凝固，搖動鍋子時，蛋的中心也不會晃動。如果要蛋的表面焦黃，可將蛋體滑出再移至炙烤爐炙烤，或是把蛋放到盤子上，再翻回鍋子煎。

EGG MIXTURES: CUSTARDS AND CREAMS
蛋的混合物：卡士達和鮮奶油

卡士達和鮮奶油是雞蛋、牛奶和鮮奶油混在一起做成，通常還會加糖。雞蛋中的蛋白質能讓食物變得濃稠，有時還會讓液體凝結。

蛋白的作用在於提供食物凝結的成分，而比較不是提供風味。蛋黃則能讓食物凝結出細緻而帶有乳脂般的質地，同時提供蛋的風味與濃郁口感。

卡士達和鮮奶油中的雞蛋蛋白質在與食材混合之後會稀釋。一般的比例是一個雞蛋配上 250 毫升的液體。

稀釋過的雞蛋蛋白質需較高的溫度才能凝固，約 70~85℃（一般雞蛋是 60~65℃）。

稀釋過的雞蛋蛋白形成的結構很脆弱，一旦煮過頭就會受到破壞。

加熱卡士達和鮮奶油的混合物時，要用文火慢慢加熱到將近凝結的溫度。注意不要一下子超過這個溫度，這會煮過頭並且造成結塊。

要避免結塊，食材中可加入麵粉（每 250 毫升混合物加入 8 公克麵粉）或玉米澱粉（每 250 毫升混合物加入 5 公克玉米澱粉）。澱粉能夠保護雞蛋蛋白質，但是也會帶來一點布丁般的黏稠度和風味。

食譜大多會要求先快速預熱牛奶和鮮奶油，再和雞蛋混合，如此可提升烹煮的速度。

應把熱液體加入生雞蛋中，而不是反過來。生雞蛋若直接加入熱液體中，會把蛋先煮熟，導致蛋白質凝結成塊。

檸檬凝乳或其他水果凝乳是乳脂般的物質，不過是以果汁和奶油取代牛奶和鮮奶油製成。水果的酸性會減少結塊的風險，但並不保證絕對不會結塊。

CUSTARDS AND FLANS, CHEESECAKES, AND QUICHES
卡士達和奶蛋塔、乳酪蛋糕與法式鹹派

卡士達和奶蛋塔是甜或鹹的雞蛋混合物，在烤箱中靜置烘焙而成，會凝結成濕潤的固體。

卡士達若需切塊或倒扣到盤子上，烘焙的硬度需比直接從焗烤盤中用湯匙取食的卡士達高。

整顆雞蛋以及雞蛋蛋白，都能使食物有彈性、黏結而結實，適合用來製作需要分切或倒扣出來的卡士達。蛋黃製出的成品比較柔軟，具有乳脂般的密實度，適合製作直接從焗烤盤中食用的卡士達。

卡士達通常在烤箱中以隔水加熱的方式烘焙，烤皿有一半浸在水中，這能讓烤箱溫度降低到 85℃ 以下，以減緩烹煮速度，避免煮過頭。

隔水加熱時不用加蓋，才能讓水蒸發、降低水的溫度，使水不至於沸騰。只有卡士達上方需要加蓋，以保護卡士達。

隔水加熱要用滾水，確定隔水加熱的溫度保持在 85℃ 左右。水溫在沸點之下，要很久時間才能讓烘焙物溫度升高，且溫度太低會使雞蛋的蛋白質無法凝固。如果隔水加熱的溫度低於 85℃，就要調高烤箱溫度。

要確認卡士達的熟度，用刀尖或是牙籤刺入卡士達的中央。如果沒有東西沾黏在刀子或牙籤上，就表示蛋白質已經凝固，卡士達已經完成。

乳酪蛋糕是一種豐厚柔軟的卡士達，以糖和低脂或高脂的乳製品製成，通常混合了瑞可達乳酪、奶油乳酪、酸奶油和鮮奶油。

為了避免卡士達結塊，並吸收瑞可達乳酪的水分，可加入一些麵粉或是玉米澱粉。

攪動卡士達時要輕柔，以免產生氣泡。氣泡在烤箱中會脹大然後塌陷，使得質地不均勻、表面碎裂。

要避免結塊，瑞可達乳酪得處理得非常滑順。奶油乳酪可先溫熱軟化，再與其他食材均勻混合。

在烤箱中用小火烘焙。蛋糕以隔水加熱來烘焙，加熱會更為均勻。

要避免烤過度、表面破裂或是內部乾掉，在卡士達中央部位未完全凝固時，便可關掉烤箱。

要把縮皺和破裂的程度降到最低，可把蛋糕烤盤從烤箱中取出，用刀子沿著乳酪蛋糕周圍劃一圈，再放回烤箱，並讓烤箱門留一點縫，讓烤箱慢慢降溫。

烤好之後冷藏一兩天，這樣蛋糕才會結實，容易分切。食用前放到陰涼的室溫下回溫。

焦糖布丁是上方覆蓋著一層柔軟焦糖的卡士達。需要大量的全蛋才能凝固，食用前得從模子中倒扣到盤子上。

焦糖布丁的製作方式：

‧把糖以高溫煮成焦糖，倒入空的卡士達模子中平鋪於底層。讓模子冷卻，並在內壁抹上一層薄薄的油。

‧把卡士達食材倒入模子中，加熱到凝固後冷卻數小時，讓卡士達凝結得更結實。

‧把模子稍微浸一下熱水，讓焦糖與卡士達表面軟化，然後把卡士達倒扣到盤子上。

法式烤布蕾（Crème brûlée）是表面有一層光亮香脆焦糖的軟卡士達。

要製作法式烤布蕾，熟的卡士達要先冷藏以免之後煮過頭，接著在上面撒上厚厚一層粗糖，再以瓦斯噴槍、炙烤爐，或是預熱好的長柄鐵餅（salamander，末端為圓餅狀金屬的長柄工具），讓糖快速融化褐變。

法式鹹派是把大量雞蛋和牛奶或鮮奶油充分混合。由於混合物已具有濃稠結實的質地，因此無需再隔水加熱，便可直接放在已烤好的盤狀

酥皮殼內。

鹹派內部的肉類與蔬菜要先煮熟，烘焙時才不會滲水。

CREAMS
鮮奶油

鮮奶油是一種含蛋的混合物，在爐火上烹煮時得不斷攪拌，防止凝結成固體。英式奶油醬是一種多用途的鮮奶油，能作為水果和酥皮點心的醬料，也能作為冰淇淋的基底。酥皮用的鮮奶油可以灌入酥皮和蛋糕中，也可以作為裝飾。鮮奶油等其他奶油餡料若加入了麵粉或澱粉，質地會變得結實挺立，而能維持形狀與濕潤。

柔軟可流動的和結實挺立的鮮奶油有不同的製作方式。

用文火慢慢加熱柔軟可流動的鮮奶油，直到像高脂鮮奶油一樣黏稠。加熱溫度約 80℃，以避免結塊。這類鮮奶油冷了會更濃稠。

可把加入麵粉或澱粉而讓質地變得結實的鮮奶油餡加熱到沸騰。沸騰能讓蛋黃內的消化澱粉酵素失去活性，如此就算鮮奶油餡之後還要加熱，也不會變稀。澱粉可以保護蛋白質在沸騰時不致於凝結。

英式奶油醬的製作方式：

‧把牛奶和鮮奶油加熱到接近沸騰，好把香莢蘭等加入香料的風味萃取出來，並加速接下來的烹煮過程。

‧將熱液體慢慢倒入蛋液中，同時持續攪拌。把攪拌好的混合液體倒入平底鍋，並放到爐子上。

‧加熱並持續攪拌，直到呈現理想的濃稠度。隔水加熱可以減少結塊。

‧為了避免鍋子以餘熱繼續加熱而煮過頭，應立即把鍋底浸入冷水，並繼續攪拌。

．濾除奶油醬中結塊的顆粒，並在冷卻過程中偶爾攪拌。

．奶油醬冷卻到室溫時才加入水果，以免水果顆粒和酸性造成鮮奶油結塊。

．以保鮮膜覆蓋奶油醬表面，或是撒上一些奶油粒（之後會融化覆蓋表面），如此奶油醬表面就不會乾燥而形成硬皮。

以隔水加熱而不需持續攪拌的英式奶油醬製作方式：

．所有食材混合之後，放入夾鍊袋中，密封好。

．將夾鏈袋浸入 83℃ 的熱水中，蓋上鍋蓋煮一小時。利用浸入式循環加熱器，或是以經常檢查並且加入滾水來維持溫度。

．加熱及冷卻的過程中，要偶爾輕輕推揉袋子，讓奶油醬的濃稠度可以均勻分布。

鮮奶油餡的製作方式：

．把雞蛋、糖和麵粉或澱粉充分混合。

．把牛奶煮滾，和蛋的混合物打在一起；通常8~16公克的蛋混合物會配上 250 毫升的牛奶。

．持續攪拌混合物，並一路加熱到沸騰。

．讓鮮奶油餡放涼，此時只能偶爾輕輕攪動，以免削弱澱粉網絡而使鮮奶油變得稀薄。

要留意某些食譜對於製作鮮奶油餡的指示。有些食譜會等到鮮奶油餡開始冷卻了才打入蛋黃，以做出更輕盈滑順的鮮奶油。但是要小心，因為雞蛋中的酵素還有活性，會讓餡料變得水水的。

若要製作穩定的鮮奶油餡，只要在蛋黃加入鮮奶油餡之後，再加熱到沸騰，若太濃稠可加牛奶稀釋。

FOAMING EGGS
蛋泡沫

　　蛋泡沫是由蛋和空氣泡組成的輕盈蛋體，有時會單獨煮來吃，大多則是拌入鮮奶油，製作成鬆軟的舒芙蕾或蛋糕。

　　蛋泡沫通常是把空氣打入蛋白或蛋黃而成，用手打或是電動的都行。也可以用虹吸式氣泡機加壓空氣，通常用於打發鮮奶油。

　　雞蛋中的蛋白質若能在每個空氣泡周圍形成適足以支撐的架構，蛋泡沫就會穩定又美味。若蛋白質連結得太緊，蛋白質就會結塊而讓泡沫崩塌。

　　製作蛋黃泡沫時要緩緩加熱，同時一面打發，使蛋白質形成支持的結構。太熱會讓蛋白質結塊。

　　蛋白泡沫不用加熱，以正確的方式打發即可形成蛋白質的支持結構。打過頭會蛋白質就會結塊而讓泡泡崩塌。

　　蛋白泡沫若含有酸性食材，或在銅碗中打發，蛋白泡沫會更穩定，因為能夠限制蛋白質的連結而避免結塊。

　　要避免蛋白泡沫打過頭，可在每個蛋白中加入 0.5 公克塔塔粉或是 2 毫升檸檬汁。也可在銅碗中來打（或添加一撮膳食補充用銅劑）。

　　蛋白泡沫的製作方式：

　　・雞蛋的新舊與溫度不會影響蛋白泡沫的打發程度。

　　・分開蛋白與蛋黃，蛋黃會阻礙泡沫形成。

　　・碗內不能有油漬或是清潔劑殘留，那也會阻礙泡沫形成。

　　・使用大的籠形打蛋器或是行星式直立攪拌器（旋轉的攪拌器會沿著碗緣攪拌），如此打入空氣又快又全面。

　　蛋白泡沫可依據不同料理的需求，打成不同的黏稠度。

　　若要判斷蛋白泡沫的黏稠度，將打蛋器從碗中取出，觀察泡沫在碗內和打蛋器尖端的模樣。

如果泡沫的尖端垂軟，泡沫平滑、有光澤且呈半液狀，還會從碗面流下，表示蛋白質只有部分連接，還能繼續打發膨脹，可以再打更多空氣進去。

　　如果泡沫的尖端挺立，形狀能夠維持，且泡沫不但平滑有光澤，還能攀住碗面，表示蛋白質已大多連接在一起，只能再打一點點空氣進去。

　　如果泡沫尖端乾粗，毫無光澤，泡沫開始滲出液體，同時從碗面滑落，表示蛋白質已經完全連結，無法再打入更多空氣。

FOAMED EGG YOLKS: ZABAGLIONE AND SABAYONS
蛋黃泡沫：薩巴里安尼與沙巴雍

　　薩巴里安尼與沙巴雍主要是由豐厚而輕盈的空氣泡組成，由蛋黃與風味液體打入空氣再加熱製成。薩巴里安尼與甜的沙巴雍加入了糖、甜酒或果汁，鹹的沙巴雍則加入了肉或魚類高湯。較稀軟的能夠當作醬料，較濃而堅挺的則可直接用湯匙舀來吃。

　　‧加熱混合食材時，打發泡沫要小心。蛋黃的蛋白質在遠低於沸點時就會開始膠化，混合食材也會變稠且膨脹。根據食譜的差異，有的甚至在 50℃ 就開始變稠了。

　　‧為了避免泡沫在平底鍋底結塊，混料要放在碗內攪拌，並以中溫隔水加熱，而非用滾水或是直接加熱。

　　當蛋黃蛋白質在加熱過程中時開始凝固，液態混合物就會變得濃稠，並得以捕捉更多空氣泡。

　　‧如果要讓蛋黃泡沫夠稀軟而能夠流動，只要混料開始變得像是高

脂鮮奶油一樣濃稠，即可停止加熱、攪拌。這類蛋黃泡沫的氣泡會逐步流失。

‧要製作最輕盈最穩定的蛋黃泡沫，要打發並加熱到混合物蓬鬆而且能夠維持形狀。

蛋黃泡沫放一陣子之後會滲出液體，此時可輕輕攪拌，把滲出的液體攪回泡沫中，以免泡沫塌陷；或是直接把泡沫舀出。

FOAMED EGG WHITES: MERINGUES
蛋白泡沫：蛋白霜

蛋白霜是由蛋白泡沫組成，依照糖分多寡和料理方式，可能會產生柔軟、有嚼勁或易碎等不同質地。

加入糖分能強化蛋白霜中蛋白質形成的支持結構。

加熱會使得雞蛋蛋白質凝固，水分流失、泡沫挺立，最後成為結實的泡沫。

蛋白霜粉末是由高溫殺菌的乾燥蛋白、糖和膠凝劑所製成，適合製作生蛋白霜，因此不會有雞蛋受到細菌污染的風險。

生蛋白霜是乳脂狀的泡沫，能夠塗在酥皮表面，或是作為食材拌入製成慕斯、戚風蛋糕或是舒芙蕾。生蛋白霜可能非常輕軟，也可能緊密結實，能在烘焙點心上擠出各種花樣。

要製作柔軟的生蛋白霜，把穩定用的酸加入蛋白攪拌，直到「尖端挺立」，之後用刮刀輕輕把糖拌入。

要製作結實的生蛋白霜，就把蛋白、酸和糖一起攪拌。

使用超細白糖或粉糖來製作生蛋白霜。較粗的白砂糖溶化速度慢。

粉糖含有澱粉，澱粉會吸收蛋中水分，能讓蛋白泡沫不易滲水和變黏。換用不同糖時，要以重量為準，不要以體積度量（一杯粉糖中，純糖的成分只有半杯）。

熟蛋白霜（瑞士蛋白霜）具有嚼勁，比較結實，能放在管子裡擠出花樣，並在室溫下穩定維持數日。

熟蛋白霜的作法是把蛋白、糖和酸放在將近沸騰的熱水中隔水加熱到75℃，形成結實的泡沫，然後讓蛋白霜離火，持續攪拌到冷為止。

糖漿蛋白霜（義大利蛋白霜），質地輕盈、蓬鬆，不過依然結實足以成形，能用來裝飾。義大利蛋白霜的烘烤溫度和瑞士蛋白霜不同，保存期限也較短。

製作糖漿蛋白霜，要把糖和水在爐火上煮滾到軟球階段，溫度約115~120℃。蛋白和酸另外打發到尖端挺立的程度，然後慢慢把糖漿導入，持續攪拌。

蛋白霜最後通常會放到烤箱中烤，讓它變硬、保溫，或是凸顯它的風味和質地。

要製作硬實的雪白蛋白霜，要把蛋白霜放在 93℃ 的低溫烤箱中慢慢烤乾。蛋白霜的糖分含量高，因此非常容易褐變。烤好的蛋白霜要放在密封的容器中，以免吸收空氣中的水分。

要製作有嚼勁的焦黃蛋白霜，可把蛋白霜放到 175℃ 的中溫烤箱，稍微烤到顏色出現即可。

蛋白霜有時會滲出糖漿滴，無法好好黏附在派的上面，加熱時有可能會塌陷，有時也無法切得均勻。

若要製作容易使用的蛋白霜，打蛋白的時候可加入一些乾的木薯澱粉或是煮成厚實糊狀的玉米澱粉。市售的木薯澱粉都是已經煮熟的了。

避免蛋白霜滲水的方法：

注意要把蛋白打得剛剛好，不要過頭也不要不足。使用粉糖並且確定糖都有溶解。試試在低溫烤箱中烘烤。

避免蛋白霜在派上面滑落的方法：

用粉糖來製作蛋白霜，亦可加入澱粉。蛋白霜所要拌入的餡料得微

溫，不熱也不冷。餡料先撒上一層澱粉，再拌入蛋白霜。

SOUFFLÉS
舒芙蕾

舒芙蕾是混入鹹或甜食材製作成具有風味與稠度的蛋白泡沫，放入烤箱加熱後膨脹並凝固。

舒芙蕾以難製作著名，但其實舒芙蕾的作法直接又可靠，即使烤出來的舒芙蕾塌下去了，通常多少都還能恢復。

舒芙蕾在烤箱中加熱時，會將液態的水轉變成氣態，蒸氣讓空氣泡膨脹，使舒芙蕾隆起。因此在冷卻時，蒸氣會變成液態水而使得舒芙蕾縮回。

舒芙蕾的基底是其他食材的混合物，並且會拌入蛋白泡沫。

基底材料的風味要重，即使在試吃的時候味道已經太重，但這些風味在加入蛋白和空氣之後就會稀釋。

基底稀薄的舒芙蕾膨脹得高，塌陷得也劇烈，而且塌陷後不容易再膨脹。這種舒芙蕾主要的食材是蛋黃和糖。

稀薄的舒芙蕾得在塌陷之前立即上桌。

濃稠的舒芙蕾膨脹與塌陷的程度較為緩和，烤好後可再加熱膨脹回來。濃稠舒芙蕾的材料是麵粉、含有澱粉的蔬菜、肉泥、巧克力或可可。這些食材都要處理成液狀，才容易和發泡蛋白混合。

混合舒芙蕾基底食材和蛋白泡沫時，盡量別讓泡沫中的空氣流失，維持泡沫的輕盈：

‧剛煮好的基底食材要稍微冷卻，以免讓蛋泡沫太快凝結。

‧一個蛋白通常配上 125 毫升的基底食材。

・把蛋白打成挺立而光滑亮澤的狀態，且依然能流動，可輕易和基底食材混合。

・先用 1/4 的泡沫和基底食材充分攪拌稀釋，再把剩下的蛋白泡沫拌入。

・用刮刀切拌基底食材和蛋白泡沫，溫柔而緩慢地從底部把食材刮起，讓它慢慢落入蛋白泡沫中，如此反覆切拌直到基底食材和泡沫充分混合為止。也可以用籠形打蛋器慢慢攪拌。

準備烘焙舒芙蕾食材的方法：

・在舒芙蕾烤杯內側抹上油或奶油，以免沾黏。

・撒上一些麵包屑、磨碎的乳酪或是糖，增添風味與酥脆。這些東西不會讓舒芙蕾膨脹得更高。

・把混料緩緩導入烤杯中，輕叩幾下，確定混合物穩穩裝妥，和烤杯之間沒有空隙。

・手指在烤杯邊緣劃一圈，清除沾上的混料，這些混料在烘焙時會先凝固而阻礙舒芙蕾膨脹。

・尚未烘焙的舒芙蕾食材可放在烤杯中冷藏或冷凍，然後用保鮮膜包緊。冷藏可以放置數小時，冷凍則可放置數天。

舒芙蕾的製作方式：

・烤箱預熱到烘焙所需溫度。

・若以 200℃ 以上的高溫烘培，舒芙蕾表面就會褐變而內部依然保持濕潤乳脂狀。舒芙蕾膨脹變高得很快，卻會在上桌之前明顯塌陷。

・若以 160~175℃ 的中溫烘焙，舒芙蕾在表面褐變的時候，內部已經完全烤透結實。這樣的舒芙蕾膨脹和塌陷的程度不會差異太大。

・不要用低溫烤，這樣混合物在還沒來得及凝固之前就會膨脹得太多而流出烤杯。

・舒芙蕾烘焙時大多要用架子或烤盤盛裝，並放在烤箱底層，讓溫度從底部上升，讓舒芙蕾膨脹。如果裝在小烤皿內，就要放置在淺水中隔水加熱，讓底部不會加熱太快，以免輕的麵糊整個膨脹起來。

・可以稍微拍動烤杯，確認液體流動的狀況，或是用刀尖或牙籤插

入中央，以判斷舒芙蕾是否完成。如果想要乳脂狀的內裡，牙籤戳入取出後，有稍微沾黏的現象即可。如果要烤得結實一點，烤到刀尖或是牙籤拿出來是乾淨的。

　·可以打開烤箱檢查，舒芙蕾遇冷會稍微縮一下，但關上之後又會重新膨脹起來。

　如果要讓烤過的舒芙蕾重新膨脹，放進中溫烤箱，充分加熱即可。

Meats are the flesh of land animals and birds

CHAPTER 11

MEATS

肉

肉類的蛋白質纖維既脆弱又頑
固，正確烹調才能得到飽實而
美味的口感。

肉類是陸生動物與禽鳥的肉，特別能提供滿足感：飽滿、堅實、富含蛋白質、令人齒頰留香。肉類通常都是一餐的主菜。

肉類烹調不易，主要原因在於蛋白質纖維既脆弱又頑固，只有在大約55~65℃的狹窄範圍中，才會多汁可口。烹煮時很容易超過這個溫度，只要超過一兩分鐘，肉類就會從多汁變得乾老。不過，堅韌的部位的確需要長時間高溫烹煮，才會變得軟嫩可嚼。因此烹調肉類的關鍵要點，在於什麼樣的肉要用什麼樣的溫度，以及如何在軟嫩和多汁之間取得平衡。

既然肉的性質這麼特殊，你大概以為像樣的廚師都會想辦法找出最合適的煮法。其實不然。倘若按照許多市售食譜的指示操作，肉都會煮過頭而變乾。從電視名人到受過訓練的主廚，各種粗心大意的食物權威人士可謂無處不在，持續重複著老舊的迷思，造成人們誤解，更帶來令人失望的結果。

當然也有許多絕佳的肉類食譜，是由有知識、善於肉類烹調的權威人士所撰寫。然而你必須具備分辨優劣的能力，至少得熟稔某些基礎知識，才能判斷出哪些是正確的食譜。

這其實不難。不論你在食譜中讀到什麼，或從旁人口中聽到什麼，切記以下這幾件簡單的事實即可：

‧大火油煎（searing）並不會把肉汁封住，加水烹煮也不會讓肉類多汁。肉類多汁與否，完全視其中心溫度煮到多高而定。如果中心溫度超過65℃，肉就會變得乾老。

‧肉類很容易就煮過頭。低溫能夠減緩烹煮的過程，讓你更容易控制熟度。

‧食譜大多不能正確預測烹煮的時間，只能靠自己不時檢查熟度，而且趁早檢查。

依照這些原則來烹煮，你都能挑選到最好的食譜，並煮出最可口的肉類菜餚。

MEAT SAFETY
肉品安全

　　肉類就像乳製品和蛋一樣，是微生物的最愛，而微生物會造成食物腐敗並帶來疾病。然而肉類和奶蛋類不同之處在於，肉類幾乎都帶有許多微生物。在活體動物屠宰、放血和分切之時，污染幾乎是無法避免的。

　　生肉表面總是帶有微生物，最新鮮最高品質的肉類也不例外，而這些微生物的活動跡象，通常不是觀察或嗅聞得出的。肉類內部通常沒有微生物，不過在分切的過程和絞成碎肉時，就會受到污染。細菌在肉類表面繁殖得非常迅速。

　　每年都有許多因食用含有有害細菌的肉類而造成嚴重疾病的案例。

　　處理肉類要小心，要假設每塊生肉都帶著有害細菌。

　　生肉和處理過的肉都要冷藏，接近冰點最佳，也就是0℃。肉類得在冰點之下好幾度才會結凍。完整的乾醃香腸和火腿可保存在陰涼的室溫下。

　　不要讓生肉和肉汁接觸到其他食物。

　　在處理生肉的前後，將手、刀具和砧板用溫肥皂水洗淨。

　　利用可靠的溫度計來測量烹煮溫度以及肉品內部的溫度，且每次測量之後都要清洗。用肉的顏色來判斷熟度並不可靠。

　　不要讓熟肉接觸到醃料和醬料（不論用來醃製的是生肉或半熟肉）。要事先保留一些醃料或醬料用來搭配熟肉，或是要加熱到70℃以上。

　　煮到最安全的肉，通常不是最美味的肉。

　　殺死細菌的高溫會讓肉很快變老，而讓肉維持多汁的低溫又未必足以殺死有害細菌。

　　為老弱多病者準備肉食之時，得特別注意安全。肉的表面要煮沸，

或是高到足以讓表面發生褐變；至於中心溫度至少要到達68℃，這個溫度只要維持15秒，就能有效殺死有害細菌。肉類冷盤和熱狗可能帶有李斯特氏菌。最安全的方式是加熱到冒蒸氣。

　　要做出多汁的肉類菜餚，通常要做好預防措施，而且得承擔一些風險。肉類需保存在冰涼環境下，用乾淨的雙手與器皿處理，然後加熱到自己偏好的熟度。

　　要烹煮安全而多汁的肉類，比一般方法更花時間與功夫：將肉類放在能維持多汁的溫度下夠久，以較低的溫度殺死細菌。

　　若要內部一分熟，中心要加熱到 55℃，維持 90 分鐘。

　　若要三分熟，中心得在 58℃ 下維持 40 分鐘。

　　若要五分熟，中心得在 60℃ 下維持 15 分鐘。

　　若要安全處理生肉料理或是稍微煮過的絞肉，例如韃靼牛肉、薄切生牛肉或生漢堡肉，要先挑選微生物含量少的肉品，然後自己來分切或剁碎。

　　‧方法是從大塊完整的肉開始，肉塊內部應該是沒有微生物的。

　　‧把肉塊浸入滾水中 30~60 秒，以殺死表面的細菌，然後用乾淨的器具把肉移出。

　　‧把肉塊放入冰水一分鐘急速降溫，以阻斷烹煮的過程，然後取出擦乾。

　　‧雙手、刀具、砧板和絞肉機都得事先清洗乾淨，然後立即處理肉塊。

　　‧肉要儲放在非常低溫的環境，直到你準備要進行處理並上菜。

　　剩肉要盡快放進冰箱，煮過的肉不要在室溫下放置超過四小時，如果肉是溫的，能放的時間就更短。不小心放隔夜的肉或醬料要丟掉。若煮過的肉要放置超過一兩天，得密封冷凍。

　　剩肉要再食用時，為了安全起見，中心溫度要迅速加熱到 73℃，而醬料、肉汁醬要煮滾。加熱時要加蓋，以免水分蒸發，使菜餚表面的溫度下降。

SHOPPING FOR MEAT
挑選肉品

新鮮肉品的價格與品質差異甚大，這取決於不同的生產系統，以及便利商店、超級市場、美食市場和肉鋪等不同通路。如果想要知道你買的肉品是如何生產的，又如何買到最好的肉，可以多逛逛，找尋非常注重品質的肉販。

超級市場的「原物料」肉類大多來自規格化的動物品種，其生產方式較著重於產量而非品質，在密集的工廠化飼育場中長大，吃的是農業副產品、抗生素和刺激生長的激素。這種肉不貴，但是通常也沒有什麼風味，而且烹煮時容易變得乾硬。

特殊品項的肉類，例如有機肉品、草飼肉品和家傳品種的肉品，通常出自較少見的動物品種，其生產方式追求的是高品質，並由較小的單位在飼養，食用飼料為完全飼料，而且幾乎不會刻意添加生長激素。比起「原物料」肉，這些肉品通常較老也較具風味。然而由於價格較貴，因此放在陳列櫃中的時間也會比較久，而失去品質上的優勢。

美國農業部牛肉分級方式，是牛肉風味與柔軟度的參考指標，判斷基礎是屠體的整體品質以及肉中脂肪（油花）的分布多寡。「頂級」（prime）是最高等級，價高量稀；「特選」（choice）比較常見，品質優良；「精選」（select）則是一般的品質。

「乾式熟成」牛肉是讓牛肉在沒有包裝的情況下，掛在陰涼的空間中數週。這段期間，牛肉的水分蒸發、風味加強、肉質變軟，能提高牛肉的價值與價格。「濕式熟成」牛肉是肉品包上塑膠收縮膜之後放置數週，如此肉質會變得比較柔軟，甚至風味更佳，但是不會發展出乾式熟成牛肉般的強烈風味。

選擇新鮮的肉，這可由外觀判斷。一塊肉顏色越深，就越有風味。油花是指分布於紅色或粉紅色肉之間的白色條紋脂肪，這能讓肉質更為

濕潤濃郁，製成絞肉之後脂肪顆粒較多。要製作好的漢堡肉，得找含20%脂肪的牛絞肉。

要讓新鮮肉品發揮最佳風味，得依照自己指定的方式絞碎或是切塊，然後盡快烹煮。大塊帶骨的肉類在烹煮時比較不容易流失水分，小塊或不帶骨的肉塊切面較多，不容易保持水分。

切好的肉不論放在陳列櫃中或是包在塑膠盤中，都有很多表面暴露在空氣、光與細菌的接觸之下，一兩天內就會有異味。不要買邊緣已經變黃、變灰的肉，而要買呈現粉紅、紅色或紫色的肉品。

包裝好的肉或是冷凍肉，要挑選最佳賞味期限最長的，肉品表面若出現發黑或變色的斑塊就不要購買。

真空包裝的「大分切肉塊」，例如烘烤用肉塊、頸脊肉和腿肉，其處理程序是最少的，並且包裝在密封塑膠膜中，能在冰箱中擺放數個星期。這種肉的紫色在接觸到空氣之後，就會轉變成紅色。

不要購買真空包裝的牛絞肉做漢堡。真空包裝會緊緊擠壓絞肉，製作而成的漢堡緊密而軟糊。包裝廠在包裝絞肉時，也很可能一併納入許多屠體的碎肉，這個過程會增加肉類受到大腸桿菌污染的機會。自己絞肉，或是買整塊的肉再請肉販幫你絞碎。

加工肉品使用的通常都是低品質的肉，然後加上調味品來增加風味。要檢查食材內容。

購買浸泡在醃料中的新鮮肉品或是已經調味的火雞時，要檢查包裝標籤。你可能用肉的價格買到許多注射到肉品中的鹽水。烹煮時，鹵水醃製的培根比乾醃培根容易縮水。

若要讓雞皮香脆，買經過脫水處理或猶太食物的禽鳥，沒有使用收縮膜包裝的更好。這類雞肉不會灌水，皮薄很多，比較快變得香脆。

在結帳之前才把新鮮肉類放到手推車中。倘若無法立即回到家中冷藏保存，就要放入保冰桶內。

STORING MEATS
儲藏肉類

　　大部分的肉類在購買當下品質最好，隨後便開始降低，直到我們拿來烹煮。牛肉則是例外。牛肉買回家後，冷藏熟成一兩個星期，風味和柔軟程度都會增加。

　　牛肉塊置於冰箱熟成，可包覆在原本的塑膠真空包裝內，也可以僅稍微蓋住放在架子上暴露在空氣中，讓水分蒸散。這種開放式的熟成方式，適合大塊牛肉，因為熟成之後得去除表面乾燥和酸敗部分。

　　影響肉類品質的因素是氧氣和光線，這兩者會讓脂肪酸敗，至於微生物則會造成怪味。另外，溫暖的溫度會加強氧氣和光線的作用。

　　肉要放在冰箱中最冷的角落，不要撕開新鮮肉類原來的保鮮包裝。如果肉類買來時便包裝在塑膠盤中，就要取出用紙巾擦乾水分，然後用新的保鮮膜緊緊包好。

　　新鮮的肉要盡快食用，最好幾天內就用掉，絞肉則得在一兩天內使用。大塊有堅硬脂肪的牛肉和羊肉，能放的時間最久。

　　肉冷凍就可以存放許多天，但是不要冷藏好幾天之後才冷凍。牛肉冷凍可以放一年，豬肉則是半年，禽鳥肉可以放三個月。

　　冷凍的過程會降低肉類的品質。冷凍時產生的冰晶會刺穿肉類的細胞，造成液體流失。冷凍而乾燥的空氣會讓肉類凍傷，讓表面變得乾而硬，且會產生異味。

　　要減少冷凍對於肉類的傷害，降溫的速度要快，好盡量縮小冰晶顆粒，並且用保鮮膜包緊肉品，裡面不能有任何空氣。冷凍庫調到最冷。如果可以，就先把肉分成小塊，不用包直接拿去冷凍，如此降溫最快。冷凍完成之後再用數層保鮮膜包好，最後用不透光的材料（鋁箔或紙）包起來。

PREPARING MEATS FOR COOKING
處理肉類

第一步就是把生肉從儲存處取出，恢復新鮮。

冷凍的肉要解凍，需放入冷藏室中緩緩解凍，大塊的肉可能要數日才會完成，若要加快速度，可放到冰水中解凍。不要放在熱水中或是室溫解凍，這樣會刺激微生物生長。冷凍的肉其實可以直接烹煮，但是需要以更多時間用低溫烹煮，以免外部煮過頭而內部還在慢慢解凍。

檢查肉，必要時清洗、去除不好的部位。把肉從包裝拿出來聞一下，若有異味，把表面沖洗乾淨，接著刮去或切除長期暴露在空氣中所造成的變色部位，然後擦乾肉的表面。

禽鳥肉也要整個沖洗乾淨，尤其是體腔的部位，然後擦乾。

肉清理乾淨後，烹煮之前通常會先進行其他處理，以增強風味與口感。

回溫肉品到室溫以上，以縮短烹煮時間，並能煮得更均勻。可把肉排和肉塊放在流理檯上一個小時，較大的肉塊時間會需要更長。

把香料搓揉、塗覆在肉類表面，以增強風味。

烹煮時，肉的表面只需留下少量香料。不過以長時間低溫烹煮或是凱真族（Cajun-style）的煎黑烹調方式除外。

香草與香料在烘烤和燒烤的溫度下會燒焦。若要避免塗覆在瘦肉上的香料乾掉，可以加入一些油脂。

鹽漬，就是在肉的表面抹上鹽巴。一開始鹽會把肉表面的水分吸乾，然後逐漸擴散到肉的內部，並在烹煮過程中扮演調味以及保持肉質濕潤與柔軟的角色。鹽的擴散非常緩慢，在大塊的烤肉中，鹽可能要好幾天才會抵達中心。即使是小塊的肉，也要在烹煮前幾個小時就鹽漬，且表面的肉會比內部的肉還鹹。

如果要讓禽鳥的皮更脆，把整隻清理乾淨，然後鹽漬，不包裹就放入冰箱乾燥 8~24 小時。烹煮前把鹽擦去。

鹵水醃製是把肉放到含有少許鹽（也可以加入其他調味料）的鹽水中，浸漬數小時到數日之後再烹煮。把鹵水注入肉的內部可以加快這個過程。鹽會滲透肉，給肉鹹味並且讓肉更容易保持濕潤與柔軟。

用很鹹的鹵水（5~10%）醃肉，可讓肉的蛋白質吸收鹵水中的水分，使得肉在烹煮時特別多汁。精瘦的禽鳥和豬肉可以用這種方法增添水分，尤其在煮過頭的時候特別有用。

鹵水要看情況使用，它有幾項缺點：鹵水中的水會稀釋風味豐富的肉汁，而且會讓鍋中的肉汁太鹹，無法形成風味適中的焦香物質來製成醬料。

醃漬通常是把肉浸在酸性的液體中，基礎材料通常是葡萄酒，用來軟化肉類並增添風味。醃料滲透肉的速度非常慢，如果沒有注射到肉中，通常只能在表層發揮效果。酸會減弱肉的蛋白質結構，通常使得肉質變粉而非變軟。酸最有用的地方是，減少肉表面在烘烤和燒烤過程中形成有毒物質。

要製作葡萄酒醃料，把葡萄酒熬煮數分鐘以減少酒精（酒精會讓肉變乾），等到醃料冷了之後才把肉放入。

嫩化肉質是減弱肉類中的蛋白質結構，待煮熟之後較容易切割和咀嚼。「嫩精」是從多種植物萃取出蛋白質消化酵素，能把長的蛋白質分子切短，並削弱肌肉纖維和堅韌的結締組織。嫩精通常以粉末的形式販售，新鮮的鳳梨、生薑、奇異果和無花果中也有能嫩化肉質的酵素。

不要依賴嫩精來軟化堅韌的肉，尤其是烹煮之前。嫩精不會滲透肉，所以作用時並不均勻，只會讓表面或是注入的部位軟化。嫩精作用最活躍的時候是在肉類烹煮之時，一旦溫度超過 70℃ 便會停止作用。

讓肉類軟化最有效的方法，是用物理方式破壞肉的結構。

把肉片輕輕用捶子或鍋底敲打。厚的肉塊可以用嫩肉器，這是一種具有一排銳利小刀的器具，能切斷肉的纖維。

絞肉是把肉切成碎塊。絞肉可以再重新壓製成比較軟的肉團。

製作香腸、漢堡等食物所用的絞肉：

　　‧使用絞肉機，若有需要就使用食物處理機。

　　‧把肉、絞肉機或食物處理機的刀片以及碗，先放到冰箱中冷卻，以免肉和脂肪軟化後混入醃料。

　　‧用食物處理機來絞肉的時間要短，每幾秒鐘就停下來，把在沾在處理機內壁的肉刮下。

　　‧要製作出口感潤澤的香腸和漢堡，可以添加兩成的脂肪，也就是說每一公斤的肉要含有200克的脂肪。

TENDER MEAT AND TOUGH MEAT
軟肉和硬肉

　　肉要煮得好，得先知道為何有些肉一開始時是軟的，有些卻是硬的。不同的肉有最適合的烹調方式。

　　標準的烤肉、肉排、肉塊由動物的肌肉所組成，而「雜肉」或雜碎則是動物的內臟。

　　肉質的柔軟或堅韌，由肉中的肌肉纖維和結締組織所決定。

　　肉類纖維是由肌肉細胞組成的細長束狀結構。肌肉細胞中的蛋白質能讓身體活動。肌肉細胞中有三分之一是蛋白質，三分之二是水。

　　生的肉類纖維軟糊而有嚼勁。中溫會讓蛋白質變得結實，讓肉類易嚼，同時也釋放出水分，讓肉變得多汁。高溫則會讓蛋白質變硬、變乾。

　　結締組織能夠包圍並連接個別的細胞、細胞組織和整束肌肉，提供物理的約束力量。結締組織含有堅韌的膠原蛋白，牛肉的結締組織更是

特別堅韌，老而大型的動物也是。小牛肉、羊肉、豬肉和雞肉的結締組織則比較軟。

　　生的結締組織堅韌又耐嚼，中溫下加熱數個小時可部分軟化並溶解成明膠。高溫下加熱只需一兩個小時便可軟化並溶解成明膠。

　　脂肪組織是散布在肌肉纖維之間的較輕部分，明顯比其他部分柔軟且濕潤。

　　一般把肉分成兩種：軟的和硬的。

　　軟的肉含有較少結締組織，是較少運動的肌肉。這些肌肉通常位於背部和腹部，包括牛、豬、羊的里肌肉和禽鳥的胸肉。而肝臟屬於柔軟的內臟。

　　硬的肉含有大量結締組織，是大量運動的肌肉，特別是腿肉和肩肉。胃和舌是堅韌的內臟肉。

　　軟的肉最好用中溫烹調，以保持肉質的軟嫩多汁。

　　硬的肉最好要煮得夠久，以溶解結締組織，使肉質軟嫩。以會讓肌肉纖維變乾的高溫來烹煮，可能就得花上數小時；以能讓肌肉纖維保持濕潤的中溫來烹煮，則需一整天。

MEAT DONENESS
肉的熟度

　　肉的熟度是指在烹煮過程中的各個不同階段，由肉的顏色、濕潤程度和耐嚼度來定義。熟度的不同是因為肉類含有對溫度十分敏銳的纖維蛋白分子。肌肉纖維一旦受熱，其中的蛋白質就會彼此黏接，且距離越來越近，肌肉也變得越來越緊實，同時釋放出更多水分，直到所有水分都喪失殆盡。

　　在硬的肉類中，耐嚼度是由結締組織這種蛋白質所決定。下列描述

適用於大部分柔軟的肉排、肉塊和烤肉。

　　生肉是粉紅色或紅色的，質地柔軟而有嚼勁，其中水分都鎖在肌肉纖維內，肉質軟糊。

　　一分熟的肉依然保持粉紅色或是紅色，質地較為堅實，而且容易咀嚼，水分已經釋放出來，肉質多汁。

　　五分熟的肉顏色比一分熟還白，質地更堅實，但仍然很好咀嚼，水分也是釋放出來，且依然多汁。

　　全熟的肉已經變成褐色或灰色，質地非常堅硬結實，水分已經全數流失。

　　溫度差個幾度，就可能讓肉的質地從堅實多汁變成堅硬乾澀，這個變化的溫度大約從 65℃ 開始。一旦肉類開始烹煮，內部的溫度每一分鐘就會上升個幾度。

　　如果要煮出你想要的熟度，就要及早並經常檢查。

軟肉塊的熟度與口感

熟　度	口　感	溫　度	顏　色
生的	柔軟耐嚼而糊爛，半透明狀	43~50℃	粉紅色到紅色
一分熟	稍微堅實而柔軟多汁 -	52~55℃	粉紅色到紅色
三分熟	比較堅實，非常多汁	55~60℃	淡粉紅色到紅色
五分熟	堅實而多汁	60~65 ℃	粉紅色
七分熟	開始出現乾澀感，沒那麼多汁	65~70℃	粉褐色
全熟	又乾又老	70℃以上	灰褐色

　　這裡的溫度標準比美國農業部對於熟度的定義要低了約5~10℃，後者是為了加大調整空間，以減少煮不夠熟所帶來食用安全上的危險。

判斷熟度，你可以用下列的方式：把肉切開看看內部的顏色、把溫度計插入肉的中央測量溫度，或是用壓的來檢查肉的硬度（越硬就越熟）。用手觸摸需要勤於練習才會準確，有個判斷方式還不錯：用手背虎口肌肉硬度當作肉的熟度標準，手放鬆的時候是一分熟、合起的時候是五分熟、緊握的時候是全熟。

不要光靠顏色來判斷熟度。全熟的禽鳥有時依然是粉紅色，骨頭也是紅的。沒有熟的絞肉有時是褐色的。真空包裝的肉在分切與暴露在空氣中時，會緩慢地變色。

THE ESSENTIALS OF COOKING MEATS
肉類烹調要點

肉類烹調的關鍵在於專注並小心控制溫度。肉類在幾分鐘之內就可能煮過頭而變乾。

食譜上的烹調時間或是既定步驟，並不保證能煮出好吃的肉。肉的厚度、溫度，以及烤架、烤箱和烤盤的溫度，都會帶來細微的影響，而食譜並不會把這些因素納入考量。

肉類大多得回溫到室溫以上，再行烹煮，如此可減少烹煮時間，也避免發生內部熟透時表面卻已經煮過頭的情況。若是肉片，則可直接從冰箱拿出煮到表面褐變。

大塊帶骨的肉煮起來最多汁、最具風味。肉切得越碎，表面積就越大，也就有越多肉汁會被擠出。

肉類烹煮大多分成兩個階段。剛開始用非常高的溫度殺死肉類表面的細菌，讓肉的表面褐變並產生風味。到了完成階段，則小心控制以低

溫慢慢煮熟，才能保持肉的柔軟與水分。最後煮熟的溫度要盡量接近你理想中肉塊的內部溫度。

及早並經常檢查肉的熟度。若你使用溫度計，要先確認溫度計是否準確。

高溫烹煮時，在肉快要煮熟之時就得停止加熱。若是肉排和肉塊，要低於熟度溫度約 3~5℃，比較大塊的烤肉要在 7~10℃ 之前。因為表面的熱度會在接下來的一段時間內繼續加熱內部。

如果要把軟的肉煮得多汁，那麼加熱到一到五分熟的程度就好，此時內部溫度介於 53~60℃。

大塊的烤里肌肉、大部分的肉排和肉塊、禽鳥的胸肉（包括鴨和乳鴿）以及絞肉，都算是軟的肉。雞和火雞胸肉在稍微高一點的溫度（大約 65℃），肉汁會少一點，但是更為可口。

若要讓硬的肉快點煮熟（纖維會顯得較粗但肉質柔軟），內部的溫度要加熱到 80~93℃。通常得維持 2~12 小時，就可以將肉中的結締組織溶解成明膠，使肉變軟；時間的差異取決於烹煮溫度與肉的性質。這種方法最適合富含明膠和脂肪的肉類，可讓乾燥的肌肉纖維濕潤。這類的肉包括豬肩肉、牛肩肉、豬頰肉和牛頰肉。

若要讓硬的肉柔軟，肌肉纖維又保有汁液，就讓中心溫度加熱到 60~70℃。這種非傳統的作法需要烹煮 12~24 小時，甚至更久，才能使結締組織溶解成明膠，讓肉質柔軟。

烹煮絞肉、法式肉派和肉凍、生香腸，方法和軟的肉一樣，用中溫稍為加熱以保持汁液。讓生香腸中心到達 60℃，維持 30 分鐘，即可完全殺死細菌，然後讓香腸降溫，以烤架或炒鍋中用高溫加熱表面，以增添風味。煙燻香腸、熟香腸、現成的法式肉派和肉凍則不需要烹煮。

以下各頁所提供的烹飪方法，肉類不需事先特別處理。

煙燻，第 91~92 頁

翻炒和深炸，第 82~84、85~87 頁

蒸煮，第 79~80 頁

微波爐調理，第 92~94 頁

GRILLING AND BROILING
燒烤和炙烤

　　燒烤和炙烤時，肉類會暴露在由火焰、發紅木炭或電熱元件下受熱，高溫會讓肉的表面褐變或是燒焦，產生強烈而獨特的風味。

　　要讓燒烤和炙烤的肉更有彈性，把烹煮的過程分成兩個階段。首先用高溫很快把表面煮好，然後用低溫慢慢讓內部烤透。

　　在烤架上，把木炭或火源分成兩個區塊。一個區塊溫度非常高，另一個溫度中等。高溫區是讓肉表面的顏色烤到你想要的樣子，然後在中溫區把肉烤熟。要確認高溫區的溫度是否足夠，就把你的手放在高溫區的烤架上，倘若一兩秒鐘就撐不下去，溫度就足夠了。

　　肉表面的顏色變化得越快，肉的內部就越容易烤過頭。

　　如果從上方炙烤，最後就得用烤箱把肉烤熟。肉盡量靠近烤架火焰或是電子加熱元件，讓肉的兩面呈現你想要的顏色，然後連盤帶肉從烤架移到烤箱，用中溫把肉烤熟。

　　選擇厚的肉塊，這樣肉的風味道和汁液才容易達成平衡。

　　厚度在一公分以下的肉片非常容易熟透，此時表面大多還沒有褐變。

　　肉要先回溫，比較快熟，流失的水分也較少。肉排和肉塊可以防水袋緊密包起，放到 40℃ 的水中 30 分鐘之後，再拿去烹調。

　　肉要完全擦乾，再進行燒烤或炙烤，烤的時候才會很快褐變。

　　為了避免肉黏在烤架上，烤架要維持清潔，使用前預先加熱，並在肉的表面塗上一層油。此外，肉的一面要褐變完全之後，才能試著翻面。

　　肉排和肉塊要常翻動，這樣才熟得快而且均勻。

　　肉大約每分鐘都要翻面，而且從開始就得如此，除非要做出明顯的烤痕。以低溫烘烤的時候不需要時常翻面。

處理漢堡肉的時候要輕柔，才能盡量保持柔軟以及形狀完整。絞肉要撒鹽，以萃取出蛋白質並讓肉粒黏在一起。把肉壓成肉餅狀時要盡量輕柔，並放到冰箱中至少數個小時，讓漢堡肉變得堅實。容易碎的漢堡肉不需要回溫，煎烤時也不要常翻面。

小心不要讓肉燒焦。肉表面重度褐變和燒焦的化學物質會傷害人體細胞的 DNA，增加罹癌風險。

要減少致癌物質產生，可以把肉先醃在酸性的醃料中。

BARBECUING
燻烤

燻烤是在加蓋的烤架中，花數小時以低溫慢慢烤熟食物。這種方式主要靠冒煙的熱空氣來加熱食物，而不是由木炭或瓦斯火焰直接產生的熱來烤熟食物。基本上都是在戶外烤箱中慢慢烘烤。

燻烤通常應用於大塊又堅韌的肉，例如肩肉、肋排、胸肉等。在 75~80℃ 下長時間加熱，可使這些肉中的結締組織溶解成明膠，產生具有煙燻風味的柔軟肉品，通常一撕就能剝下。

煮好的食物盡量遠離木炭或是加熱元件，這些東西產生的直接熱輻射很快就會把食物煮過頭。小型的家用烤架通常不夠大，沒有足夠的空間讓食物免於受到過量的熱輻射。小型的家用烤架可以用來在一開始讓食物產生煙燻風味，然後把食物移到烤箱，再用低溫慢慢烤熟。

要不時檢查烹調的溫度。找一隻可靠的溫度計來測量蓋子裡空氣的溫度，並且確保溫度不要在 90℃ 以上超過數分鐘（重新添加木炭時溫度會升高），也不要低於 75~80℃（這會使得烹調的速度變得非常慢）。目標是讓肉內部的溫度維持在 70~75℃。

不斷塗抹醬料會大幅減緩烤肉速度，因為打開烤架蓋子會打斷加熱過程，塗醬本身也會讓食物表面的溫度暫時下降，而塗醬中的水分在蒸發時，也會使肉表面的溫度下降。

快要烤好時，用乾淨的工具把未使用過的塗醬抹到食物上，以免生肉上的細菌污染已經烤好的肉。

ROTISSERIE COOKING
旋轉串烤

在旋轉串烤中，肉類會反覆而短暫地接收到熱輻射。旋轉串烤爐是一種附有旋轉烤肉叉的機器。

肉用一根長的金屬烤肉叉穿過，然後整個放在火源（火焰、木炭或電子加熱元件）之上或旁邊，機器會讓烤肉叉持續轉動。

旋轉串烤有兩個重要特色。在這種烤法中，肉類暴露在產生風味的高溫中幾秒鐘，然後有比較長的時間冷卻，所以食物表面褐變，但是肉的內部會慢慢受熱，因此不會熟過頭。另外，有風味的汁液會附著在食物表面，並在旋轉時散布開來，汁液會逐漸濃縮而不會流失。

旋轉串烤可在戶外進行，也可在室內打開蓋子的烤箱中烤。重點在於讓肉旋轉遠離熱源時能夠迅速降溫。在封閉的烤箱中，肉類僅僅是接受烘烤，而且很快就會過熟。在戶外，火源或木炭最好放在肉的側面，而不是直接放在下方。倘若在下方，火燄會往上冒，上升的熱空氣會包圍著肉而增強受熱的效果。

OVEN ROASTING
烤箱烘烤

烤箱烘烤是用熱空氣和從烤箱內壁發出的輻射來加熱肉類，溫度介於90~260℃，加熱速度較為緩慢。大塊的肉通常需要30分鐘以上才能充分加熱。長時間下的乾熱能使肉類的表面褐變、充滿風味，並且會讓肉汁流到烤盤。

依據肉的大小和個人偏好的烹調與食用方式，來調整烤箱溫度。通常越大塊的烤肉，設定的溫度就要越低，這樣在內部烤好的時候，外表才不會過熟。

低溫烤箱（低於150℃）會把肉塊均勻而緩慢地烤熟，也能慢慢地把禽的皮烤得香酥焦黃。

用低溫來烤大塊肉或硬的肉，可能要花幾個小時才能熟透。此外，只要是一開始先用高溫讓表面褐變的肉，也能用這種溫度來繼續烤熟。

高溫烤箱（超過200℃）很快就會讓肉褐變、烤熟，但是當肉中心達到適當的溫度時，外部已經過熟，且內部也會很快就過熟，烤盤中滴出的汁液也會燒焦。用高溫烘烤時要非常注意。

用高溫來烤雞肉和其他比較小塊的烤肉，不到一個小時就可以烤好。也可以一開始用高溫讓表面褐變，然後再用低溫繼續烤熟。

滴到盤子中的肉汁很珍貴，要避免肉汁在高溫烤箱中燒焦，就是加入多到足以覆蓋盤子底部的水，讓肉汁吸收水分。必要時可不斷加水。

中溫烤箱（約 175℃）能使肉類表面褐變，並且快速而均勻地把肉烤熟，同時也不需要像高溫那樣常需要注意。

對流風扇使肉類表面快速乾燥、褐變、烤熟，藉由烤箱的熱空氣吹拂肉的表面，即使是在一般的溫度下也會讓肉烤焦。要避免烤焦，使用風扇時溫度要調降 15~30℃，並且經常檢查褐變的程度。

不要相信食譜上的時間，太多不確定變數會讓這個時間不可靠。下面是因應方式：

在烤肉上面塗水基醬料，可減緩烤肉表面褐變與內部熟透的速度，因為這個動作會中斷加熱過程。水分蒸發能使烤肉的表面冷卻。

　　在烤肉上面塗油或奶油，能使肉類表面褐變與內部熟透的速度增加。脂肪會限制水分的蒸發（以及蒸發造成的冷卻作用）。

　　烤盤和包裹的鋁箔會減緩加熱過程，阻擋從烤箱表面發出的熱輻射。如果烤肉不是放在架子上，而是直接放在烤盤上，底部會受到煎炸，褐變速度比其他表面更快。深的烤盤也會阻擋熱輻射而減緩肉塊周圍的受熱速度，除非你把肉塊放在會超過烤盤高度的架子上。

　　要提早把烤肉從烤箱中移出。小塊烤肉要提早 3~5℃，大塊的要提早 7~10℃。如果你是用烤箱中溫或高溫來烤，烤肉表面的餘溫會繼續使烤肉內部溫度升高。

　　烤肉在分切之前，要放置30分鐘以上，最好讓中心的溫度下降到 50~55℃，如此肉塊在分切時才能保留到較多肉汁。可以用鋁箔稍微覆蓋在烤肉上，以免表面溫度降得太低。

　　要烘烤整隻禽鳥並不容易。胸肉含有的結締組織很少，雞胸和火雞胸最好維持在 65℃，鴨胸與乳鴿胸適合 58℃，不過腿肉含有大量的結締組織，最好在 70℃。皮最適合的溫度是 175℃，如此可以烤得焦黃香脆。

　　若要烤出多汁的胸肉、柔軟的腿肉：

　　·不要把體腔塞滿餡料，也不要依靠彈出式溫度計。填料得加熱到 70℃才能殺死其中細菌，此時胸肉已經煮過熟而變得乾澀。至於溫度計彈起來時，胸肉也已經過熟。

　　·不要把腿綁在一起，這樣看起來雖然比較漂亮，但是比較不容易熟透。烤的時間越長，胸肉就越容易烤過頭。

　　·腿先回溫。把整隻禽鳥和腿肉放在室溫下一個小時，而胸肉則用並用碎冰袋維持冰涼。

　　·一開始讓胸肉朝下放在烤盤上，讓胸肉慢慢烤。接著翻面朝上，直到胸部的皮烤到焦香即可。

　　·胸肉可以塗覆高湯或是其他水基醬料，或是用鋁箔稍微覆蓋，減

緩烘烤的速度。

讓皮香酥的方法：

‧使用符合猶太食物或伊斯蘭教規的禽鳥，或是標明「空氣冷卻」的禽鳥，這種禽鳥在處理過程中沒有浸入水中。

‧烘烤的前一天把禽鳥洗淨，在表面撒大量的鹽，放在架子上，置入冰箱冷藏。

‧在烘烤之前把濕的鹽刮除，再擦乾整隻禽鳥。表皮抹上油，不要塗覆任何水基醬料。

‧用高溫的烤箱烘烤。鵪鶉、乳鴿等較小的禽鳥先用炒鍋煎到褐變才放到烤箱烤透。

‧烤好之後皮盡早切下，與底下會冒出蒸氣的肉分開。

要補救烤過頭的胸肉，切碎浸入烤盤中的汁液，如此便可食用。

FRYING, PAN ROASTING, AND SAUTEING
煎、煎烤與炒

煎與炒都是用薄薄一層油脂來傳遞金屬盤的熱。這種方式能讓肉的表面在一分鐘之內發生褐變、迅速產生風味。

煎是烹調肉排、肉塊或其他大塊肉時的常用手法，適合用來調理平整的柔軟肉塊，或是讓硬的肉褐變，然後再繼續慢慢燜熟。

「煎烤」融合了煎炸與烤箱烘烤，非常方便有效。先在爐子上用平底鍋讓肉很快褐變，然後連鍋帶肉放入烤箱，用烤箱中來自四面八方的熱，緩慢而均勻地將肉慢慢烤熟。

炒和翻炒是用油加熱小塊的肉，並且頻繁地移動，讓肉的表面變色

且均勻地煮熟。

煎肉和炒肉的關鍵在於鍋子夠熱，在煎炒時要持續滋滋作響。滋滋聲是肉的水分接觸鍋子時蒸發的聲音。如果鍋子溫度太低，水分就會累積，滋滋聲便會消失，此時肉就不會發生褐變，不是在煎肉或炒肉而是沸煮肉了。等到水分蒸發完畢、肉表面開始褐變，肉就已經過熟。

讓鍋子保持高溫以適合煎肉的方式：

‧把肉表面多餘的水分擦乾。

‧先把鍋子加熱到 200~230℃，然後放入油脂。倘若鍋子沒有預熱，而是讓油和鍋子從低溫一起加熱到高溫，油會變得比較黏，容易造成沾鍋。

‧肉的量不要太多，而且要分散。肉太多會讓鍋子冷掉。

‧調整火力大小，讓水迅速蒸發的滋滋聲不中斷。

‧不要蓋上鍋蓋，或是可以用有孔的擋油蓋，這樣蒸發的水分才不會又凝結回到鍋裡。

如果滋滋聲或褐變的過程停止，把肉從鍋子拿出，加大火力讓液體全部蒸發完畢，再把肉放回去。

若要讓肉褐變得更快更均勻，可以用鏟子壓肉，也可用重的鍋子或是包著鋁箔的磚頭來壓，使肉和鍋子的表面接觸。重壓不會讓肉的汁液流失，這點可以放心。翻面的時候，用鍋子中沒有接觸過肉的區域來煎。偶爾移動肉，充分利用鍋子所有表面。

避免煎炒過頭的方式：

經常檢查受熱油煎的那一面，一旦褐變就立即翻面。

經常檢查肉的內部，熟了就立即取出。

‧如果肉塊較厚，兩面都褐變後把火關小，然後不斷翻面，通常一兩分鐘就翻一次。或是把鍋子放到中溫的烤箱中，這樣熱的傳遞比較少，而能減緩烹調速度。

POACHING, CONFITS, AND COOKING SOUS VIDE
中溫水煮、油封與真空低溫烹調法

中溫水煮是把肉浸到沸點以下的熱液體中煮軟，通常溫度是 55~80℃。

要烹煮出濕潤的中溫水煮肉，得用低溫。一開始讓液體的溫度接近沸點，維持數十秒，好殺死肉表面的細菌，接著快速降溫，把柔軟的肉塊煮熟。一分熟用 55℃，五分熟用 60℃，全熟用 65℃。

油封肉是先在硬的肉塊上撒鹽與調味，放置過夜之後，整個浸入肉的脂肪中溫油浸數小時，之後再讓肉塊浸漬在脂肪中保存。鴨腿和砂囊就可以用這種方式處理。傳統油封所需的溫度接近沸點，約 85~93℃，做出來的肉質柔軟，纖維卻很粗。可以在陰涼的溫度下存放好幾個月，慢慢讓風味發展出來。

要製作濕潤但纖維不會那麼粗的油封肉，要以 70~80℃ 加熱，直到叉子能輕易刺穿肉。肉在低溫時軟化得較慢，所費時間也較長。

油封肉若要保存數個星期，把肉拿離汁液，放到新的鍋子裡，再把脂肪倒在肉上，加熱到 70℃，冷卻後放冰箱。

用低溫烹調來加熱肉類以達到你想要的特殊熟度。你可以用水波爐來加熱；也可以用大鍋裝水，以手動的方式調整溫度，或使用浸入式循環加熱器自動保持水溫。這種方式可以讓肉煮得均勻而完整，放幾個小時也不用擔心肉會變乾或變硬。

低溫加熱的方式也可以把肩肉、胸肉、肋排和其他硬的肉煮成和軟的肉一樣，是多汁的三分熟而非全熟。只要持續加熱一兩天，三分熟的溫度亦足以溶解堅韌的結締組織。

低溫烹調的缺點，就是沒有辦法像高溫油煎或燒烤那般，產生焦香的外層。

若要兼具低溫與高溫烹調的優點，可以用隔水加熱煮熟肉塊，放涼一下，之後用高溫快速大火油煎，讓肉的表面褐變。時間只要夠讓表面出現香味和內部加熱就夠了。

軟的肉通常在 55~60℃，隔水加熱一個小時左右，即可大火油煎。

硬的肉要在 58~65℃，隔水加熱 48 小時以上。

了解低溫烹調的潛在風險，並且加以避免。低溫烹調時，會造成食源性疾病的細菌會比較慢被殺死，而緊密的包裝則可能使肉毒桿菌滋生。請採用有解釋風險的食譜，並且確實遵照步驟。通常最簡單、最安全的方式，就是煮好之後立即上菜。

低溫烹調肉類的方式：

‧將水波爐或是大鍋的水加熱到所需熟度的溫度：一分熟 55℃，五分熟 60℃，以此類推。

‧用塑膠夾鍊袋把肉封裝好，開口朝上浸入水中，盡量把袋子中的空氣擠出後再封口。或是用家用的真空包裝機封裝。

‧把袋子整個浸入水中，加熱到整塊肉都達到所需的質地。低溫加熱的速度很慢，因此需要的時間比平常久，例如肉排或肉塊就需要一個小時左右。

‧確定整個袋子浸入水中，而且完全被水包覆。袋子中的空氣和蒸氣會讓袋子浮起來，水流推擠或是一次放入太多袋子，則會讓袋子擠在一起或是被推到鍋邊。

‧如果你沒有水波爐或是循環加熱器，就要定期去攪動水，不斷以精確的數位溫度計測量水溫，需要的話加熱或添加熱水以維持水溫。要特別小心，別讓水溫低於 55℃ 而變成適合微生物生長的溫度範圍。如果要長時間烹煮，又不想在一旁盯著不放，特別是要烹煮長達數小時的堅韌肉塊時，可以運用你的烤箱。把恆溫器調整到適當溫度，鍋子蓋上，放入烤箱，讓肉塊維持正確的溫度烹煮。

真空低溫烹調法是餐廳版本的低溫烹調，會把肉類用以真空袋包裝好。使用專業的真空包裝機，能夠讓醃料等香料的風味更快滲入肉中，袋子中的空氣也可以全部抽出，這樣加熱會更均勻，煮好之後也可以放

較久。家用的真空包裝機力道不足，無法產生足以讓食物融合的真空，袋子裡面不能加入液體食材，而且還會留下一點空氣。

BRAISING AND STEWING
燜肉和燉肉

　　燜肉和燉肉是把肉放到水基液體中煮，這些液體隨後便可作為醬料。一開始肉先煎炸至褐變，以加強整體風味。

　　許多燜肉和燉肉的食譜都指示以接近沸點的高溫烹煮，但如此一來，除非肉中含有許多肥油和膠質，否則大部分的肉都會老掉。

　　如果食譜指示的烤箱溫度需要超過80℃，你得特別注意。

　　燜肉和燉肉時，溫度絕對不要高到讓煮液冒泡。在溫度高於沸點的烤箱中，鍋子加蓋後內部一定會沸騰。倘若烤箱溫度高於 80℃，就不要蓋鍋蓋，讓水蒸發降溫，使烹煮的溫度較低。

　　硬的肉塊若需要數個小時來燜和燉，可設定在 80℃，這樣會產生柔軟而纖維較粗的標準燉肉。

　　如果要快速把軟的肉燜或燉熟，或是要為硬的肉要加熱一天以上，可以用 60~65℃ 加熱，肉質會更多汁，也比較不老。

　　燜煮軟的肉（包括禽鳥的胸肉）要緩慢，而且時間要短。

　　2.5 公分厚的肉大約在 15 分鐘就能煮好（包括褐變的時間）。如果同時煮胸肉和腿肉，胸肉好了就先拿出來，腿肉則繼續煮到好。

　　燜肉、燉肉的方式：

　　‧用大塊的肉，以盡量減少肉塊的表面積。

　　‧把冷藏的肉迅速放入熱鍋，讓表面煎出香味，但是不要熟透。肉表面先撒上麵粉，可以製造出濃稠的褐色醬料。

　　‧加入烹煮用的液體和其他食材，慢慢加熱到烹煮所需的溫度。加

入葡萄酒之前得先沸煮 10 分鐘，好蒸發掉一些酒精。

‧燜肉、燉肉盡量在烤箱中完成，而不要在爐火上。烤箱加熱比較均勻。

‧將液體維持在烹煮的溫度，並且時常檢查肉的熟度。

‧肉一旦熟了就立即離火。如果煮液需要煮滾濃縮，或是蔬菜需要煮軟，得先把肉取出。

‧把肉放在煮液中降溫，有些肉會吸收煮液。

燜肉和燉肉重新加熱時，注意不要煮過頭。先把肉取出，把煮液加熱到沸騰，再把肉放入稍微煮一下，之後把鍋子從爐火上移開，讓煮液溫度下降到60℃。接著再加熱保持這個溫度，直到肉的內部熱透。

SERVING MEATS
肉類上桌

肉類要完美上桌，得和烹煮時一樣小心。

大部分的肉需要先放置一下，不論是肉排或大塊的烤肉都得先放一下再切塊、上桌。

剛煮好的肉很軟，馬上切的話比較容易流失水分。肉排先放置幾分鐘，烤肉塊則要放置30分鐘以上。用低溫慢慢烹煮的肉可以不用放置就上桌。

盛裝熱食肉類的盤子要預熱，特別是牛肉、小牛肉和羊肉料理。這些肉的溫度如果降到體溫之下，脂肪就會凝結，長時間烹煮結締組織而滲出的明膠也會凝結變得有嚼勁。

切肉要用銳利的刀子，以免把肉汁擠壓出來。

切肉的方向要與肉的纖維或紋理垂直，如此才能把纖維的長度切到最短，肉才容易咀嚼。許多肉排與烤肉塊中的紋理方向會改變，所以切

的角度也要跟著改變。耐嚼的肉要切得非常薄。

　　乾掉和煮過頭的肉就直接切碎，不要切塊，之後浸在稀薄的醬料中吸收水分。

　　煮好的肉維持在 55℃，以避免細菌生長，尤其是肉要放在餐桌上一兩個小時的時候。

LEFTOVERS
處理剩肉

　　剩肉在離開火源之後，盡快冷藏或冷凍。如果分量多，可以分成小份，這樣涼得快。

　　煮好的肉放在冰箱中，大多都會變質。不過燉肉之類的料理放在冰箱中一兩天，整體風味會更好。剩肉冷凍之後可保持良好狀態數日。

　　油封的鴨肉和豬肉可以冷藏存放數個星期，因為在儲藏期間風味會改變，之後重新加熱，有助於確定風味。如果油封肉要久放而不腐敗，得確定肉不帶有任何煮液，且在冷卻之前完全浸在熱的脂肪下。

　　肉盡量不要暴露在空氣中，不同的肉塊個別用塑膠膜包起，燜肉和燉肉則要浸在煮液中。

　　肉類重新加熱的時候，會產生不新鮮的「再加熱的異味」，特別是禽鳥。加熱到 60℃ 會讓肉變乾。

　　剩肉其實也可以吃冷的，特別是雞和火雞，不用重新加熱也可以吃。

　　盡量縮減重新加熱剩肉的程度，只要能夠確保肉的安全即可。湯汁的部分（例如燉汁、肉類高湯）放到鍋中煮滾，然後把肉塊放入消毒表面，再慢慢加熱整塊肉。

Fish and
shellfish are
diverse and
delicious
creatures
from
waters

CHAPTER 12

FISH AND SHELLFISH

魚貝蝦蟹類

冰冷的生存環境，讓水中生物
的肉質大相逕庭，保存與烹調
的溫度也需要更仔細拿捏。

魚貝蝦蟹類是水中生物，外貌奇特多變，美味可口。我們吃的幾十種魚貝蝦蟹皆來自世界各地，有手指般長的胡瓜魚，也有重達半噸的鮪魚；有在海底爬行的螯蝦、會噴水前進的魷魚，也有攀附在岩石上的牡蠣。

我生長於 1950 年代的美國中西部地區，只見過拿來餵寵物烏龜的冷凍劍魚（旗魚）。後來我移居到到東北部的新英格蘭地區，然後又搬遷到北加州，就愛上了各式各樣的海鮮。我享用當地海岸豐富的海產，也喜歡水產業高度發展之後，從亞洲和南美洲等外地運來的水產。

今日，對所有喜愛烹調海產的廚師而言，最重要的職責是：找出哪些是可以永續捕撈或養殖的海產，以這些海產來烹調，幫助其他物種有機會從人類貪得無饜的胃口拯救出來。

魚貝蝦蟹的肉和陸生動物與禽鳥的肉大相逕庭，這些差異是由於生活的環境（也就是冰涼的水）所導致。魚貝蝦蟹類的血液是冷的，且大多生活在與冰箱溫度相當的環境下，這些水中生物如果不是活的或是冰著的，很快就會腐敗。海水中含有陸地上或是肉類中沒有的毒素和微生物，這些東西都會污染海產。

烹煮海鮮要比煮肉更需要技巧，因為魚貝蝦蟹的肌肉是在低溫下運作的，因此肌肉蛋白質凝固進而變乾的溫度，也就比陸地肉類蛋白質還低。要維持魚肉內部濕潤柔軟的烹調溫度通常還更低、範圍也更窄，大約是 50~55℃。文火加熱適用於肉類，卻不適用於許多魚類，魚肉中的酵素會讓魚肉變得糜爛。

所以烹調肉類的簡單原則，無法一併適用於魚類。魚類（和大部分的蝦蟹貝類）很快就會過熟。食譜通常給的規則是，每 2.5 公分厚的魚需要10分鐘來煮，但這種預估方式並不準確。要煮出最好的魚，得自己及早而且不斷檢查熟度。

FISH AND SHELLFISH SAFETY
魚貝蝦蟹的安全

許多人喜歡吃生的或是半生的海鮮。

生的海鮮和肉類及其他富含蛋白質的食物一樣，含有許多會引起疾病的微生物。這些水中生物還含有陸地肉類幾乎沒有的危險東西：病毒、寄生蟲、來自藻類或自身的毒素，以及毒性金屬汞。

寄生蟲存在於某些常見的水中生物，會傳染給人類，這些小蟲需要動手術才能移除。

毒素是會傷害身體的化學物質。這些水中生物本身就帶有各種不同毒素，大部分是由溫暖氣候海域中的藻類所製造的。這些毒素在烹煮過程中不會被摧毀。

汞是會累積在大型魚類體內的有毒金屬，在鯊魚、劍魚、鯖魚、方頭魚和長鰭鮪特別多。汞對於胎兒和嬰幼兒的傷害更是特別顯著。

調理海鮮時需特別小心，減少患病的風險，尤其得特別留意下列食用者：**體弱多病者、嬰幼兒、年長者或是孕婦**。

．鮪魚、鯖魚、竹莢魚、沙丁魚、麒鰍魚等魚類，只挑選最新鮮的，因為這類魚如果沒有適當保存，會累積更多毒素。

．避免食用牡蠣、蛤蜊、貽貝、龍蝦或螃蟹的內臟（包括龍蝦膏、龍蝦卵和蟹黃），這些部位即使經過適當烹煮，仍可能帶有毒素和病毒。

．所有海鮮至少都要加熱到70℃。在這個溫度下數秒鐘，就能夠有效消除有害的細菌和寄生蟲。

．如果你要為孕婦、哺乳中的婦女或幼兒烹煮海產，到美國食品及藥物管理局的網站（www.fda.gov），看看最新的飲食指南，參考低汞

海產的章節[1]。

如果你要為健康的人準備生的或半生的海鮮，也要要注意可能的風險，並把風險降到最低。

生的海鮮不論品質有多好，其中一定有細菌，這是看不到也聞不出來的。

會引起人類腸胃炎和肝炎的病毒，也可能出現在城市附近海域捕獲而來的水中生物。這些病毒可以耐受烹煮而存活下來。生的蝦蟹貝類是食源性疾病最常見的禍首之一。

處理海鮮時要小心，最好假定所有生的魚貝蝦蟹都含有有害的細菌和病毒。

生的海鮮要冷藏，溫度要接近0℃。

海鮮及其汁液不要和其他食物接觸。

在處理海鮮前後，雙手、刀具和砧板都要用溫的肥皂水清洗過。

使用可靠的溫度計測量烹煮溫度與食物內部的溫度。

不要讓泡過生魚或半生魚的醃料或醬料污染到煮好的魚。可以事先保留部分醃料或醬料，或是將之熱到70℃以上。

生的海產要最安全，就是從商譽卓著的魚鋪購買最高品質、最新鮮的產品，並在處理和上菜時讓海鮮維持冰冷。

消除魚體內的寄生蟲，把魚冷凍在-20℃下7日，或是加熱到60℃。家用的冷凍庫不夠冷，無法有效殺死寄生蟲。市售「壽司級」的魚類大多經過極低溫的冷凍以殺死寄生蟲，並延長船運的保鮮期。

要避免買到含有毒素的蝦蟹貝類，可到貨源管道多元的大型海鮮市場選購。如果你自己採集到野生的蝦蟹貝類，要到當地的海洋主管單位洽詢是否有任何禁止事項，例如警告不得食用會累積毒素的柔軟器官（包括龍蝦膏、龍蝦卵和蟹黃）。

要做出口感濕潤的海鮮（並承擔一般程度的風險），就烹調海鮮到

---

1. 編注　台灣民眾可上行政院衛生署網站（http://www.doh.gov.tw），參考「食品安全」區所提供的資訊。

你想要的熟度（即使是遠低於 70℃），然後立即上菜。

　　吃完之後若有剩餘，要立即放入冰箱，不要讓煮熟的海鮮在室溫下擺放四個小時以上，天氣熱的時候能放的時間更短。生的剩餘海鮮在下回食用之前要完全煮熟。

SHOPPING FOR FISH
挑選魚類

　　購買海鮮的時候要特別小心，因為很容易腐敗，而且許多產品的狀況都很糟。魚貝蝦蟹可能來自世界各地，有野生也有養殖的，可能以永續方式撈捕（也可能不是），可能有施放了化學藥劑來控制疾病或是維持表面的新鮮度。有些海鮮可能是經過冷凍之後，再解凍拿出來販賣。

　　買魚要到貨物流動快速的魚鋪購買，並詢問魚貨的產地。購買前也請查詢政府單位（www.nmfs.noaa.gov/fishwatch）和水族館（www.montereybayaquarium.org）的網站，看看目前哪些魚貝蝦蟹類正瀕臨絕種，哪些魚類則可以永續撈捕[2]。

　　購買時攜帶保冰桶，盡量維持魚類冰冷。

　　買魚之時要仔細檢查：

　　不要購買有強烈魚腥味的產品，這是魚類變質、腐敗的早期徵兆。魚類應該都有海的氣味。些許魚腥味很正常，清洗即可去除。

　　切好的魚肉很快就會產生異味，因此買整隻魚比較好，然後請魚販或是由自己清理。

　　挑選光鮮、表皮緊實、眼睛飽滿明亮、鰓色鮮紅的魚。避免顏色黯

2.編注　台灣民眾可上行政院農業委員會漁業署（http://www.fa.gov.tw/）的「漁業資源」區，尋找相關資訊。

淡、表皮鬆弛、眼睛凹陷渾濁或是鰓色暗沉的魚。

選擇生命力旺盛的魚。生活在乾淨、有打氣設施的水箱中。

切好的魚肉要挑選濕潤光亮的，肌肉層之間有空隙或是邊緣乾燥變黃的就不要買。

要小心非常鮮紅的鮪魚或是吳郭魚，這些可能用一氧化碳處理過，以遮掩腐敗的跡象。

魚買好之後要和冰塊一起包裝，並盡快冷藏，魚肉非常容易變質。

冷凍海鮮的品質有可能比新鮮的更好。

有些冷凍海鮮是在海上撈捕起來之後數小時內便立即處理冷凍。挑選冰櫃中最冷區域的包裝水產。

購買罐頭、玻璃瓶裝或其他現成的海鮮時，要注意標籤成分。最好吃的產品通常比較昂貴，且不含防腐劑（防腐劑會造成異味）。

SHOPPING FOR SHELLFISH
挑選蝦蟹貝類

螃蟹、龍蝦和蝦子非常容易腐敗，因此市售產品往往都是冷凍、剛解凍、烹煮過或是活的。真正新鮮的甲殼類動物非常稀少而昂貴。不貴的蝦通常都是在亞洲養殖的，而且經過灌水並以抗褐變劑處理過。

購買甲殼類動物時要非常小心，避免有怪味、黑點、變色或有黏液的產品。要挑選手感沉重的全隻龍蝦與螃蟹。全蝦比較快腐敗，但是比去頭的蝦更具風味。

挑選養在乾淨水槽、看起來活跳跳的活龍蝦和螃蟹。

雙殼貝類的軟體動物保存在冰冷潮濕的情況下可以耐受很久，通常都連著殼活體販賣。

購買放在淺水箱或是冰上的蛤蜊、貽貝和牡蠣，不要買浸在水中或是塑膠袋裝的。

買去殼的牡蠣時，注意牡蠣周圍的液體是否清澈。如果不清澈，意味著牡蠣已經開始分解，有可能腐敗了。

挑選米黃色到略帶橙色的扇貝，不要買太光亮的。非常潔白光亮的扇貝表示曾受到保濕化學藥劑的處理，這樣的扇貝在烹煮時會滲出很多液體而不容易褐變。

魷魚和章魚通常以解凍或煮好的形式販售，小型魷魚與章魚比較柔軟，很快就可以煮熟。大的就堅韌多了，要花長時間來烹煮。

新鮮生魷魚表皮上的色素斑點鮮明。斑點模糊代表品質開始變質。

STORING FISH AND SHELLFISH
保存魚貝蝦蟹

魚貝蝦蟹在購買的當下品質最好，接著便持續變質，直到食用或烹煮為止。

魚類品質的敵人是氧氣和光線（會讓脂肪酸敗）、微生物（會產生異味）、魚類自身的酵素（會讓肌肉纖維軟化），以及高於冰點（0℃）的溫度（這會強化以上所有因素）。

新鮮魚類要冷藏與冷凍，存放的時間要盡量短，盡可能在你要烹煮的當天購買。脂含量少的溫水魚，例如笛鯛、鯰魚和吳郭魚等可存放的時間最長。脂含量多的冷水魚，例如鮭魚、鯖魚等，可存放的時間最短。

用保鮮膜重新把魚緊緊包好，再用不透光的紙或鋁箔包好。

用新鮮的碎冰放在魚肉周圍，或是把魚放到冰箱中最冷的區域。用冰可以讓魚保存的時間比一般冷藏多出數日。

如果於要保存超過一兩天，那就冷凍。

冷凍的過程會降低魚肉品質。冷凍時產生的冰晶會刺穿魚肉的細胞，造成汁液流失。冷凍也會讓魚肉纖維改變性質，變得堅韌。此外，冰冷而乾燥的空氣會讓魚肉凍傷，使魚皮變得堅韌而且有異味。快速冷凍可以減輕傷害。

要減少冷凍對於魚肉的傷害，就得迅速降溫，好讓冰晶顆粒較小，並且避免魚肉和空氣接觸。冷凍庫要調到最冷。把魚肉分成小塊比較快冷，不用包裹直接拿去冷凍，等結凍之後再用數層保鮮膜包緊，最後用不透光的材料（鋁箔或紙）包好。也可以把魚肉浸到冰水中，再拿去冷凍，如此反覆幾次，讓魚肉表面覆蓋一層冰。

活的龍蝦、螯蝦和螃蟹用濕布稍微覆蓋，放入冰箱冷藏，可以活 1~2 天。

活的蛤蜊、貽貝和牡蠣用濕布稍微覆蓋，然後置於冰上或放在冰箱冷藏，可以保存一個星期。讓牡蠣殼平坦的那面朝上。活的軟體動物不可以被會融化的冰蓋住，因為冰裡面沒有鹽，融化之後會讓軟體動物無法生存。

去殼的雙殼貝類以及新鮮的魷魚、章魚，包起來埋在冰裡放置冰箱，可以保存數日。

生的或是剛煮好的甲殼類動物，冷藏時間越短越好，要包緊然後埋入碎冰中。清洗過的蝦如果帶殼可以放一個多星期。帶頭的全蝦比較容易腐敗。

冷凍的蝦、螃蟹、龍蝦、魷魚和章魚，幾個星期內就要用掉。這類海鮮放在家用冰箱中，很快就會變質，因為家用冰箱的溫度不如商用冰箱來得低。

PREPARING FISH FOR COOKING
處理魚類

處理魚類的第一個步驟，就是從儲藏的地方拿出來清洗。如果你經常要處理魚類，就要準備刮鱗器和尖嘴鉗。

讓冷凍的魚在冷藏室中慢慢解凍。比較快的方式是把魚用防水袋封緊，放入冰水中。魚類不要在室溫下解凍，否則不但會走味，還會滋生細菌。已經裹著麵包粉的魚類製品不用解凍，從冰箱拿出來之後就可以直接烹調。

整條魚要把魚鱗刮除，從腹部清除內臟。可以把魚浸在水中刮鱗，這樣就能避免鱗片亂飛。不要擠壓出綠色的膽汁，如果苦味的膽汁流了出來，切除受到膽汁染色的部位。

用尖嘴鉗拔除細小的魚刺，就可以將魚肉製成魚排。

清理好的全魚或是魚塊在自來水下沖洗，刮去殘血或是腹腔中的內臟，然後擦乾。強烈的魚腥味通常是因為表面變質，應該要洗乾淨。

要清潔魚肉表面並讓外層結實，清洗之後在魚的表面抹上鹽，放五分鐘。把鹽洗去或拍除後徹底擦乾，再進行烹煮。

去鰓的魚如果要進一步去除魚腥味並減少毒素生成，可用葡萄酒或是其他酸性液體醃一下，沖洗擦乾後再煮。

要讓熱快速穿透大隻全魚，使之均勻熟透，可以在肉厚的地方劃幾刀。

如果要讓魚皮酥脆，可以用刀反覆刮魚皮來去除水分，然後在皮上覆蓋一層鹽巴，冷藏一個小時，在烹煮前把鹽拍除後徹底擦乾。鯰魚、大比目魚、鯊魚和劍魚的皮太堅韌不好吃。

PREPARING SHELLFISH FOR SERVING OR COOKING
處理蝦蟹貝類

讓冷凍的甲殼類動物、魷魚、章魚在冰箱中慢慢解凍。比較快的方式是放到冰水中。這類食物不要在室溫下解凍，否則會讓細菌滋長。

用冷水把生的或活的蝦蟹貝類洗淨，用刷子把貝殼表面的沙礫和黏液刷洗乾淨。

剔除蝦和龍蝦的沙腸（消化道），以減少沙礫感。

要讓蛤蜊吐沙，每公升的水放 20 公克的粒狀食鹽，然後把蛤蜊浸入數小時。

要讓蝦子烹調後保持濕潤口感，可先用鹵水醃一下。

若要讓蝦和龍蝦熟得快又均勻，可以沿著蝦背縱切開來，把左右兩片蝦肉攤平。龍蝦卵、龍蝦肝和殼要留下來做醬料。

為了減少活龍蝦下鍋沸煮或蒸煮時亂動，可把龍蝦放在冷凍庫或碎冰上預冷 15 分鐘。

牡蠣上菜前可去除圓柱狀的堅韌肌肉，扇貝則去除周圍的堅韌肌肉，吃起來會比較軟。

RAW FISH AND SHELLFISH: SUSHI, SASHIMI, CRUDO, AND CEVICHE
生的魚貝蝦蟹類：壽司、生魚片、義式生魚料理和秘魯香檸魚生沙拉

　　壽司、生魚片、義式生魚料理都是生的，秘魯香檸魚生沙拉則是以酸的柑橘汁稍微醃漬生魚（這個過程無法消除微生物或寄生蟲）。

　　食用生海鮮，得冒著很大的食物中毒或寄生蟲感染的風險。

　　只有品質最高、最新鮮的海鮮才能生吃。

　　壽司級的魚較為昂貴，這些魚通常經冷凍後再解凍，因此不會有寄生蟲。

　　魚貝蝦蟹要放在冰上保存。

　　處理魚貝蝦蟹時要非常小心，讓污染的機會降到最低。

　　雙手、刀子和砧板都要用經常以熱肥皂水或稀釋的漂白水清洗。

　　若要食用生鮮海鮮，處理好之後就要立即上菜，或是馬上放到冰箱中冷卻。

THE ESSENTIALS OF COOKING FISH AND SHELLFISH
魚貝蝦蟹烹調要點

　　烹調魚貝蝦蟹的關鍵在於專注。瘦而薄的魚塊和小型的蝦蟹貝類很快就熟，三四分鐘之內就可能從生的變成又乾又老。厚的魚塊和大型全隻海鮮的中心也可能很快就從濕潤狀態煮成過熟。

不要依靠食譜上的烹調時間，以為用簡單的方式就能保證煮出好吃的肉。食譜指定的時間並不可靠，因為食物的厚度、烹調溫度、烤箱烤架烤盤的溫度，都會帶來微小的變化，進而大幅影響實際的烹煮時間。

要及早並且經常檢查肉的熟度。如果你使用溫度計，要事前確認溫度計的準確性。

要確認魚的熟度，可藉由溫度計來判斷，或是撥一兩層魚肉查看。未熟或是只有半熟的魚肉會相黏，且呈現半透明狀。煮熟但依然保持濕潤的魚肉，只有在中心區域稍微帶有不透明，大部分的肉都很容易剝開。過熟的魚肉則完全不透明，且又乾又老。

若要讓魚貝蝦蟹的保有濕潤口感，內部溫度要維持在 50~55℃，即可把肉從透明轉成不透明的。如果溫度更高，肌肉纖維的水分便會開始流失，並且逐漸變乾。讓鮭魚帶有最佳口感的溫度是 45~50℃，鮪魚是 45℃ 左右。

如果安全是最重要的考量，就把魚肉中心的溫度煮到 70℃，但是這樣的魚肉吃起來又乾又老。

厚的魚肉需要調整加熱方式。薄的魚片可以用高溫稍微烹煮，每一面煮一兩分鐘即可。厚的魚排、全魚或龍蝦，一開始用高溫讓外表產生香味並且殺死微生物，然後調成中火，以免當中央部分熟透時，外層已經過熟。

末端尖細的魚片在蒸煮或是微波加熱時，要排好以平均受熱。較薄的末端可以折起或是彼此相疊，以免中央厚的部位熟透之後，末端已經過熟。

要保持魚肉的完整，烹煮的過程中就盡量不要翻動。

魚肉幾乎不具結締組織，烹煮時很容易破。在煮之前就切成適當大小，移動時要用能撐住整塊魚肉的寬鏟。燒烤魚片時，魚片要放到大小適中的烤籃中。

炙烤時熱源從上方而來，因此可把魚放到預熱好的盤子上直接炙烤，不用翻面。

如果要讓魚皮酥脆，方法如前述，反覆刮除魚表面的黏液然後抹上

鹽巴，以去除魚皮表面的水分。用中溫或高溫來煎魚，先煎有皮的那一面，確定魚皮褐變酥脆之後才翻面。上菜之時魚皮面朝上，以免魚皮介於熱的魚肉和盤子之間，會被水氣蒸軟。

帶殼的甲殼類動物是少數常以沸煮來烹調的葷食。螃蟹、龍蝦和蝦中的酵素會讓肉變得軟糊，快速沸煮可以抑制這些酵素，但肉質會變得有點乾老。

沸煮蝦蟹貝類的過程中，讓水盡可能維持最高溫度。使用大的鍋子，在水中放鹽，煮到大滾，然後把甲殼類動物放進去，蓋上鍋蓋，讓水再次煮滾。

經常檢查熟度，以免煮過頭讓肉質變老。

如果甲殼類動物的肉要煮得濕潤柔軟，用遠低於沸點的中溫水煮。

軟體動物是一群外形多變的動物，需要特別的處理。

挖好的扇貝只需稍微用高溫加熱，中心部分變得溫暖或是稍微不透明即可。扇貝的肌肉組織純淨而柔軟，稍微加熱一下的滋味最好。

魷魚、章魚、鮑魚和象拔蚌的烹調方式，可以非常快速地稍微加熱，也可以長時間慢煮。這些動物的肌肉含有大量結締組織，稍微加熱就會變得爽脆，煮久之後則變得濕潤柔軟；不長不短的加熱時間則讓肉變得很硬。若想讓肉質更軟，可在烹調之前先輕輕敲打，讓肌肉纖維斷裂分開。

活的帶殼牡蠣、蛤蜊、貽貝，用高溫快速煮一下，讓殼打開即可，如此才能盡量保持裡面的肉質柔軟。也可以繼續煮幾分鐘，以除去消化道和生殖器官中的微生物。已經開殼的蛤蜊得先取出，以免過熟。最後沒有開殼的都要丟棄。

若要減少廚房中的魚腥味，烹調魚貝蝦蟹之時可以加蓋或是加以包裹，稍微涼了之後再打開。

參見下列各頁的烹調方式，烹調其他食物的方式也都適用於魚貝蝦蟹類。

燒烤，第 90~91 頁

煙燻，第 91~92 頁

煎炸和深炸，第 82~84 和 85~87 頁

蒸，第 79~80 頁

微波爐調理，第 92~94 頁

COOKING IN A WRAPPER
包裹料理（烤紙包）

把魚和具有風味的香草、蔬菜包裹在一起加熱，是俐落又變化多端的烹調方式。加熱的方法可以放在烤架上、平底鍋中、烤箱裡或蒸鍋中。

包裹用的材料可以是烘焙紙、鋁箔、保鮮膜、酥皮或是大型樹葉（從可食用的甘藍葉到具有香氣的香蕉葉都可）。包裹材料能保護內容物不直接受熱，加熱比較溫和，還可以吸收香氣，打開包裹的時候就聞得到。

包裹的材料要能讓魚的水分散出，否則就得避免煮過頭。當包裹材料鼓起或是冒出蒸氣時，表示裡面的魚正在蒸煮。

魚要切成薄片才容易很快煮透，其他食材也要切細才容易熟。當包裹鼓起之後一兩分鐘，就可以檢查熟度。

OVEN ROASTING
烤箱烘烤

烤箱烘烤是以較慢的方式讓魚受熱，以熱空氣以及從烤箱內壁發出的熱輻射把魚煮熟，溫度範圍在 93~250℃。大塊魚肉若已在爐子或烤架上加熱至焦黃，便可移至烤箱中用中溫或低溫慢慢烤熟。

依照魚的特性和你的喜好來調整烤箱溫度。通常魚塊越厚，溫度越低，這樣在魚塊中心熟透之時，外面才不會過熟。高溫烘烤需要嚴密監控，但是會產生焦黃而富含風味的表面。

93~120℃ 的低溫烘烤，可以讓魚緩慢而均勻地受熱，產生卡士達般美妙柔軟的魚肉，特別是鮭魚。不過這樣的溫度太低，無法產生焦黃香酥的魚皮。

若要避免魚肉在低溫烘烤時，表面出現液體凝結而成的白色水珠，魚肉可以先撒鹽或泡在鹵水裡 5~10 分鐘，把鹽抹去並徹底擦乾表面之後再拿去烤。

200℃ 以上的高溫烘烤，會使得魚塊中央到達適合溫度時，表面的部分就已過熟了，而且中央也會很快就過熟。以這種溫度烘烤需要密切注意。

烤箱中的對流風扇會把烤箱的熱空氣吹拂到魚肉表面，進而加速褐變和烹煮的速度，因此用一般溫度烘烤也會讓魚肉烤焦。若要避免烤焦，得把烘烤溫度降低 15~30℃，並且經常檢查褐變的程度。

要及早並且不斷檢查熟度，尤其以高溫烘烤之時。

POACHING, STEWING, AND
LOW-TEMPERATURE COOKING
中溫水煮、燉煮和低溫烹調

中溫水煮和燉煮都是以含有風味的液體來加熱魚類，使用的液體通常是水基肉汁或高湯，但有時會用油或是融化的奶油。而這些液體也可以當作醬料或湯。

中溫水煮魚或燉魚的關鍵，在於一開始就要使用有風味的煮液，並且控制溫度以免過熟。

有風味的肉汁和高湯要事先準備好，可以用魚類高湯或是法式海鮮高湯來當基底。魚類烹煮的時間短、溫度低，這意味著無法從烹煮過程萃取出蔬菜和香草的風味。

製作法式海鮮高湯，要在蔬菜軟了之後才放具有酸性的葡萄酒或醋。胡椒得最後幾分鐘才放，以免產生苦味。

用海鮮來熬煮高湯（例如法式魚高湯），不要超過一個小時，以免從甲殼或是骨頭中萃取出鈣，讓湯變得混濁。鰓要去除，以免產生怪味。

下鍋烹煮之前就要把魚切好，讓魚塊在烹煮時保持完整，煮好了就取出，然後用大的湯匙或鏟子撐住取出上菜。不要讓容易破的魚排留在煮汁中冷卻，煮汁持續加熱會讓魚排破碎。

要煮出濕潤的魚肉和柔軟的蝦蟹貝類，放入80℃的高湯或是法式海鮮高湯中，殺死表面的微生物，然後讓溫度降到50~60℃，以完全煮透。要經常檢查熟度，薄的魚片通常不到一分鐘就會煮透。以中溫水煮蝦子也是這樣，螃蟹和龍蝦則先用滾水煮一下，再把肉從厚殼中取出。

如果煮液需要煮得更濃稠，要先把魚貝蝦蟹撈出。

如果要把堅韌的魷魚、章魚、鮑魚煮軟，可用80℃的煮液熬到軟。不需把酒瓶的軟木塞放入一起煮，那東西沒有任何作用。

馬賽魚湯是一種法國南部的海鮮燉湯，裡面有各種魚塊，其中的骨頭和膠質讓湯變得濃稠。魚湯是以加入香料的高湯以及橄欖油煮滾，橄欖油會分散成小油滴。

　　要製作魚肉濕潤而不乾澀的馬賽魚湯，煮液滾了之後就要關火，讓魚肉留在湯中繼續熟透。

　　若以低溫烹調海鮮，就依照你所需的熟度來調整溫度。你可以用水波爐加熱，也可以用大鍋裝水，再以手動的方式調整溫度，或使用浸入式循環加熱器自動保持水溫。這種方式可讓海鮮煮得均勻且完整。

　　魚貝蝦蟹類需要的溫度通常是 50~60℃，不過長時間維持在這個低溫下，海鮮的肉會變質，這一點和肉類不同。

　　某些魚類不適合低溫烹調。魚肉中的酵素會在慢慢加溫的過程中，使肉質糊軟。這些魚類包括鰈魚、鮪魚、鯖魚、沙丁魚和吳郭魚。

　　要了解低溫烹調的潛在危險，並且加以避免。在低溫烹調時，造成食源性疾病的細菌會比較慢被殺死，55℃ 以下的溫度則無法完全殺死細菌。緊密的包裝則可能使肉毒桿菌滋生。請採用有解釋風險的食譜，並且確實遵照其中的步驟。通常最簡單也最安全的方式，就是煮好之後立即上菜。

　　低溫烹調魚貝蝦蟹類的方式：

　　‧將水波爐或是大鍋的水加熱到所需熟度的溫度。

　　‧用塑膠夾鍊袋把魚封裝好，開口朝上浸入水中，盡量把袋中的空氣擠出再封口。或是使用家用真空包裝機進行真空封裝。

　　‧把袋子完全浸入水中，加熱到所需的熟度，一人份通常需要加熱20~30分鐘。

　　‧確定袋子完全浸入水中，而且完全被水包圍。袋子中的空氣和蒸氣會讓袋子浮起，而水流推擠或是一次放入太多袋子，則會讓袋子擠在一起或被推到鍋邊。

　　‧如果你沒有水波爐或是循環加熱器，就要定期攪動水，不斷用精確的數位溫度計測量水溫，需要的話加熱或添加熱水維持水溫。

　　真空低溫烹調法是餐廳版本的低溫烹調，會把魚貝蝦蟹類用塑膠袋

真空包裝好。使用專業的真空包裝機，能夠讓醃料等香料的風味更快滲入肉中，袋子中的空氣也可以全部抽出，這樣加熱會更均勻，煮好之後也可以放較久。家用的真空包裝機力道不足，無法產生足以讓食材融合的真空，袋子裡面不能加入液體食材，而且還會留下一點空氣。

SERVING FISH
魚類上桌

為了讓魚貝蝦蟹完美上桌，費點功夫是值得的。

盛裝生海鮮的盤子要先冰過。

盛裝熟海鮮的盤子則要先熱過。

用餐時：

‧生的海鮮要保持冰冷。

‧煮熟海鮮的溫度要維持在 55℃ 以上，並浸在煮汁中或是加蓋，以避免肉乾掉。如果用餐時間超過一兩個小時，這點尤其重要，以防止細菌滋生。

‧如果海鮮的味道太重，可以提供檸檬片、以美乃滋為基底的酸性醬料，或是酸的白酒，來平衡風味。

LEFTOVERS
處理剩餘海鮮

　　因為魚貝蝦蟹的風味很快就會變質，並且會散發出強烈的魚腥味，因此吃剩的海鮮很容易腐壞。

　　煮過的海鮮盡量不要和空氣接觸，每塊魚肉都要個別以保鮮膜包起，燜魚、燉魚要完全浸在煮液中。

　　魚類離開熱源之後，要盡快冷藏或冷凍。如果量多可以分裝成小部分，這樣子冷得快。

　　剩餘海鮮以冷凍保存能維持在較佳狀況，可以多放幾天。

　　海鮮重新加熱時，會使得腥味更明顯。

　　快速冷藏的剩餘海鮮從冰箱取出之後，可以考慮直接食用。

　　剩餘海鮮重新加熱的時間越短越好，顧及安全性即可。先把煮液、魚高湯或是鹽水放到鍋子中煮滾，再把海鮮放入稍微滾煮，殺死表面細菌。然後熄火，讓液體冷卻到 60℃，之後加蓋，慢慢將魚熱透。

參考書目：
更多廚藝之鑰

關於各種食物及烹煮方式，以下提供一些優良且容易取得的資料來源。餐飲學校的論文和專業出版社所出版的著作也很不錯，但他們注重的主要是專業廚房的大量準備工作。下列資料較適用於一般家庭烹調。

一般烹調

Harold McGee, *On Food and Cooking: The Science and Lore of the Kitchen.* New York, Scribner, 2004. 哈洛德・馬基，《食物與廚藝》（大家出版，2009）。

Shirley Corriher, *CookWise: The Hows and Whys of Successful Cooking.* New York. Morrow, 1997。

Nathan Myhrvold with Chris Young and Maxime Bilet, *Modernist Cusine: The Art and Science of Cooking.* Seattle, The Cooking Lab, 2010.

Michael Ruhlman, *Ratio: The Simple Codes Behind the Craft of Every Cooking.* New York, Scribner, 2009. 邁可・魯爾曼，《美食黃金比例：開啟烹飪想像的33組密碼》（積木，2010）

一般烹飪書

Irma S. Rombauer, Martin Rombauer Becker, and Ethan Becker, *Joy of Cooking.* New York, Simon and Schuster, 2006.

Paul Bertolli with Alice Waters, *Chez Panisse Cooking.* New York, RandomHouse, 1988.

Judy Rodgers, *The Zuni Café Cookbook.* New York, Norton, 2002.

廚房工具

Alton Brown, *Alton Brown's Gear For Your Kitchen*. New York, Stewart, Tabori And Chang, 2008.

Chad Ward, *An edge in the Kitchen: The ultimate Guide to Kitchen Knives*. New York, Morrow, 2008.

蔬菜和水果

Aliza Green, *Field Guide to Produce: How to Identify, Select, and Prepare Virtually Every Fruit and Vegetable at the Market*. Phiadelphia, Quirk Books, 2004.

Elizabeth Schneider, *Vegetables from Amaranth to Zucchin*. New York, Morrow, 2001.

乳製品

Anne Mendelson, *Milk: The Surprising Story of Milk Through the Ages*. New York, Knopf, 2008.

肉品和魚類

Bruce Aidells and Denis Kelly, *The Comelete Meat Book*. Boston, Houghton Mifflin Harcourt, 2001.

Hugh Fearnley-Whittingstall, *The River Cottage Meat Book*. London, Hodder and Stoughton, 2004.

Paul Johnson, *Fish Forever: The definitive Guide to Understanding, Selecting, and Preparing Healthy, Delicious, and Environmentally Sustainable Seafood*. New York, Wiley, 2007.

附錄：
單位換算表

體積轉換表

	毫升	茶匙	湯匙	盎司	杯	品脫	夸特	公升
1 茶匙	5	1						
1 湯匙	10	3	1					
1 盎司	30	6	2	1				
1/4 杯	60	12	4	2				
1/2 杯	120	24	8	4				
2/3 杯	180	36	12	6				
1 杯	240	48	16	8	1			
1 品脫	480	96	32	16	2	1		
1 夸特	960	192	64	32	4	2	1	0.96
1 公升	1000	200	67	33.3	4.2	2.1	1.04	1
1 加侖	3840	768	256	128	16	8	4	3.8

重量轉換表

	公克	盎司	磅	公斤
1 公克	1			
1 盎司	28	1		
1/4 磅	114	4		
1/2 磅	227	8		
3/4 磅	340	12		
1 磅	454	16	1	0.45
1 公斤	1000	35.2	2.2	1

重要食材的體積與重量轉換表

在乾食材部分，用湯匙或是杯子度量時鬆緊不一，因此只能給出大致的範圍。體積越大，變動的範圍就越大。

食材	1 茶匙	1 湯匙	1/4 杯	1/2 杯	1 杯
液體					
水	5克	15克	60克	120克	240克
牛奶	5	15	60	120	240
高脂鮮奶油	5	15	58	115	230
檸檬汁	5	15	60	120	240
油	4.5	14	55	110	220
奶油	4.5	14	56	112	225
起酥油	4	12	48	95	190
玉米糖漿	7	20	84	165	330
蜂蜜	7	20	84	165	330
香莢蘭萃取物	4	12			
不甜的酒 （伏特加、蘭姆酒、白蘭地酒）	4.5	14	56	112	225
固體					
粒狀食鹽	6.5	20	80	160	320
片狀食鹽	3.5~5	10~15	40~60	80~120	160~240
白砂糖	4.5	13	50	100	200
黃砂糖	4~5	12~15	48~60	96~120	195~240
粉糖	2.5	8	30	60	120
中筋麵粉	2.5~3	8~9	30~35	60~70	120~140
高筋麵粉	2.5~3	8~10	32~39	65~78	130~155
低筋麵粉	2.5	7~8	29~32	58~65	115~130
全穀類麵粉	2.5	8	30~32	62~65	125~130
玉米澱粉	2.5~3	8~9	30~35	60~70	120~140
米（標準電鍋量杯為 140 公克）					190

食材	1 茶匙	1 湯匙	1/4 杯	1/2 杯	1 杯
中等大小的豆子					190
小扁豆					200
可可	2	6	22~24	45~48	90~96
小蘇打	5	15			
發粉	5	15			
乾酵母（一包為 7 公克）	3	9			
明膠	3	9			

▌廚房與烹調溫度

	℃
冷凍庫最低溫度	-18
冷藏室最低溫度	0
微生物生長溫度	5~55
海平面的水沸點	100
沖泡綠茶的水溫	70~80
沖泡紅茶、烏龍茶的水溫	93
沖煮咖啡的水溫	93
蔬菜預煮的水溫	55~60
蔬菜煮軟的水溫	100
延緩漿果腐敗的水溫	52
燜軟肉的隔水加熱溫度	55~65
燜硬肉的隔水加熱溫度（12~48 小時）	57~65
燜硬肉的隔水加熱溫度（8~12 小時）	70~75

	℃
燜硬肉的隔水加熱溫度（2~4 小時）	80~85
平底鍋（煎炸、炒）	175~205
炒菜鍋（翻炒）	230以上
深炸油溫	175~190
薯條第一次油炸	120~160
薯條第二次油炸	175~190
烤箱燜煮穀物與豆類	93~107
烤箱烘烤大塊肉（煎烤）	160~175
烤箱烘烤小塊肉、蔬菜	205~260
烤箱烘焙酵母麵包	205~230
烤箱烘焙蛋糕	160~190
慢速燻烤的烤架溫度	80~93

▎食物的目標溫度

	℃
巧克力回火	32
含有各種食材的菜餚安全溫度	70以上
煮熟食物保持安全的溫度	55以上
軟的蛋，蛋黃保持液狀	64
硬的蛋，結實的蛋黃	67
鮮奶油變稠、卡士達凝固	83
濕潤的魚貝蝦蟹	50~57
肉一分熟	52~55

	℃
肉三分熟	55~60
肉五分熟	60~65
肉七分熟	65~70
肉全熟	70以上
蔬菜	80~100
蜜餞	102~113
翻糖、乳脂軟糖、軟式焦糖	113~116
硬式焦糖	118~121
軟的鬆軟型太妃糖、水果軟糖	121~130
硬的鬆軟型太妃糖、牛軋糖	132~143
硬式糖果、酥糖、乳脂型太妃糖	149~160
焦糖、紡絲糖	170以上

▌代換：雞蛋、增稠劑、膨發劑、甜味劑與巧克力

原來分量	代換分量
4 顆大型雞蛋	5 個中型、4 個特大型或 3 個巨型
1 份增稠用的麵粉	1/2 份玉米澱粉或其他澱粉
1 份發粉	1/4份蘇打加上 5/8 份塔塔粉
1 份小蘇打	4 份發粉（並減少酸）
1 份糖	3/4 蜂蜜、1¼ 甘蔗糖漿或楓糖漿或糖蜜（減少 1/4 液體）
100 份 50% 的苦甜巧克力	50份不甜巧克力加上50份糖，或30份可可加20份奶油加50份糖

▌公式：增稠、凝結、避免褪色、消毒、殺菌

讓 250 毫升（1 杯）的液體變得濃稠	12 公克麵粉（1 茶匙）或 6 公克玉米澱粉（2 茶匙）
讓 500 毫升（2 杯）的液體變得凝固	一包 7 公克（2¼ 茶匙）的明膠
預防蔬菜水果褪色，每500毫升（2 杯）的水量	一片 500 毫克的維生素 C
2 公克（1/2 茶匙）的檸檬酸	
30 公克（2 湯匙）檸檬汁	
清毒廚房檯面	一份醋加上兩份水，或是一公升的水加入5毫升（1茶匙）的家用漂白水；讓檯面自然風乾
為 4 公升（1 加侖）的飲用水殺菌	加入 1~2 毫升（1/8~1/4 茶匙）的家用漂白水，靜置30分鐘（若不用漂白水則煮沸一分鐘，在高海拔要更久）。

Index
索引

1~5劃

▌ 6~10劃

廚藝之鑰:完全掌握廚房,完美料理食材 /哈洛德.馬基(Harold McGee)
作 ; 鄧子衿譯. -- 二版. -- 新北市 : 大家出版 : 遠足文化事業股份有限
公司發行, 2022.07
譯自 : Keys to good cooking : a guide to making the best of foods and recipes.

ISBN 978-986-5562-67-0 (上冊 : 平裝). --
ISBN 978-986-5562-68-7 (下冊 : 平裝)
1.CST: 烹飪　2.CST: 食物

427　　　　　　　　　　　　　　　　　　　111009601

Keys to Good Cooking: A Guide to Making the Best of Foods and Recipes © Harold McGee, 2010
Traditional Chinese language edition © 2012 by Common Master Press
Published in Agreement with the Doubleday Canada .,
Through Bardon Chinese Media Agency
博達著作權代理公司
All rights reserved

Keys to Good Cooking : A Guide to Making the Best of Foods and Recipes
廚藝之鑰（上）：完全掌握廚房，完美料理食材

作者‧哈洛德‧馬基（Harold McGee）｜譯者‧鄧子衿｜責任編輯‧宋宜真｜編輯協力‧
陳又津｜行銷企畫‧陳詩韻｜封面設計‧王志弘｜封面及內頁插畫‧陳家瑋｜內頁排版‧
菩薩蠻｜總編輯‧賴淑玲｜社長‧郭重興｜發行人兼出版總監‧曾大福｜出版者‧大家／
遠足文化事業股份有限公司｜發行‧遠足文化事業股份有限公司　231　新北市新店區民
權路108-4號8樓　電話‧(02)2218-1417　傳真‧(02)8667-1065｜劃撥帳號‧
19504465　戶名‧遠足文化事業有限公司｜印製‧成陽印刷股份有限公司　電話‧
(02)2265-1491｜法律顧問‧華洋法律事務所　蘇文生律師｜定價‧380元｜初版一刷‧
2012年5月｜二版一刷‧2022年7月｜有著作權‧侵害必究｜本書如有缺頁、破損、裝訂
錯誤，請寄回更換｜本書僅代表作者言論，不代表本公司／出版集團之立場與意見